Dominique Dumas

Evolutions et transformations environnementales

Dominique Dumas

Evolutions et transformations environnementales

Facteurs naturels et actions de l'Homme

Presses Académiques Francophones

Impressum / Mentions légales

Bibliografische Information der Deutschen Nationalbibliothek: Die Deutsche Nationalbibliothek verzeichnet diese Publikation in der Deutschen Nationalbibliografie; detaillierte bibliografische Daten sind im Internet über http://dnb.d-nb.de abrufbar.
Alle in diesem Buch genannten Marken und Produktnamen unterliegen warenzeichen-, marken- oder patentrechtlichem Schutz bzw. sind Warenzeichen oder eingetragene Warenzeichen der jeweiligen Inhaber. Die Wiedergabe von Marken, Produktnamen, Gebrauchsnamen, Handelsnamen, Warenbezeichnungen u.s.w. in diesem Werk berechtigt auch ohne besondere Kennzeichnung nicht zu der Annahme, dass solche Namen im Sinne der Warenzeichen- und Markenschutzgesetzgebung als frei zu betrachten wären und daher von jedermann benutzt werden dürften.

Information bibliographique publiée par la Deutsche Nationalbibliothek: La Deutsche Nationalbibliothek inscrit cette publication à la Deutsche Nationalbibliografie; des données bibliographiques détaillées sont disponibles sur internet à l'adresse http://dnb.d-nb.de.
Toutes marques et noms de produits mentionnés dans ce livre demeurent sous la protection des marques, des marques déposées et des brevets, et sont des marques ou des marques déposées de leurs détenteurs respectifs. L'utilisation des marques, noms de produits, noms communs, noms commerciaux, descriptions de produits, etc, même sans qu'ils soient mentionnés de façon particulière dans ce livre ne signifie en aucune façon que ces noms peuvent être utilisés sans restriction à l'égard de la législation pour la protection des marques et des marques déposées et pourraient donc être utilisés par quiconque.

Coverbild / Photo de couverture: www.ingimage.com

Verlag / Editeur:
Presses Académiques Francophones
ist ein Imprint der / est une marque déposée de
OmniScriptum GmbH & Co. KG
Heinrich-Böcking-Str. 6-8, 66121 Saarbrücken, Deutschland / Allemagne
Email: info@presses-academiques.com

Herstellung: siehe letzte Seite /
Impression: voir la dernière page
ISBN: 978-3-8416-2075-0

Copyright / Droit d'auteur © 2013 OmniScriptum GmbH & Co. KG
Alle Rechte vorbehalten. / Tous droits réservés. Saarbrücken 2013

EVOLUTIONS ET TRANSFORMATIONS ENVIRONNEMENTALES
FACTEURS NATURELS ET ACTIONS HUMAINES

Dominique DUMAS

REMERCIEMENTS

Ce livre vient à la suite de la réalisation d'une Habilitation à diriger des recherches (HDR). Je n'aurais probablement pas pu écrire et soutenir cette HDR sans l'appui, les conseils et les orientations de nombreux collègues. Pour ces 12 années passées à Grenoble, je souhaite vivement remercier ces collègues et l'ensemble du personnel administratif qui ont contribué à rendre mon travail plus riche et plus agréable.

Dans un ordre alphabétique, merci à :

Adèle, Camille, Antoine, Catherine Amblard, Antoine, Mohamed Lemine Baba, Elise Beck, Michelle Bernault, Sylvain Bigot, Gérard Bocquet, Philippe Bois, Sophie Bonin, Christophe Cance, Henri Chamussy, Michel Chardon, Laure Charleux, Jean-Pierre Charre, Hervé Cortot, Jean-Jacques Delannoy, Sami Dkill, Lucine Endelstein, Catalina Esparza, Denis Fiat, Peter Fletcher, Annie-Pierre Garcia, Franck Giazzi, Isabelle Gotti, Noël Guiguen, Sophie Guillaume, Joel Humbert, Diop Ibrahim, Denise Kahn, Nathalie Leardini, Nathalie, François Mancebo, Camille Marquet, Maryvonne Meyer, Michel Mietton, Sylvie Monin, Alain Morel, Brigitte Palamini, Jean-Luc Peiry, François Pesneaud, Sandra Rome, Marie-Françoise de Saintignon, Emilie Szafranski, Celine Tritz, John Tuppen, Olivier Vallade, Françoise Vigny, Pura Villa...

Je tiens également à remercier l'IRD du Centre de Dakar, tout particulièrement N. Guiguen pour la communication de données hydrométriques, les responsables de l'OMVS en particulier à Diama, la Direction de l'Hydraulique à St Louis et la Région Rhône-Alpes pour son appui financier dans le cadre d'un programme MIRA (Mobilité Internationale Rhône-Alpes) de recherches. De même, je remercie le Parc National des Ecrins et aussi le Parc Régional de Chartreuse pour leur soutien financier dans le cadre de différents contrats.

SOMMAIRE

INTRODUCTION 5

CHAPITRE I – CADRE CONCEPTUEL ET IMPLICATIONS SOCIETALES 7
A – Problématisation des approches environnementales 13
B – Evolution des milieux naturels alpins 24

CHAPITRE II – METHODOLOGIES UTILISEES 33
A - Estimation des pluies en forêt du massif de Chartreuse 33
B - Le lac Lauvitel : une sentinelle environnementale pour les Alpes 49
C - L'Isère et la connaissance de son transport solide 57
D - Caractériser les températures dans les Alpes du Nord 75

CHAPITRE III - TRANSFORMATIONS ENVIRONNEMENTALES DANS LES ALPES AU XXEME SIECLE : 83
A - L'interception des pluies par la couverture forestière 83
B - Evolution et dynamique actuelle du lac Lauvitel 105
C - Connaissance des flux sédimentaires d'un grand cours d'eau 110
D - La température dans les Alpes du Nord et ses évolutions depuis la fin du XIXème siècle 140
E - Conclusion des approches conduites sur les milieux alpins 158

CHAPITRE IV – EVOLUTION ET RUPTURES DANS LE DELTA DU SENEGAL SOUS L'INFLUENCE DE L'HOMME 161
A - Contexte historique 164
B - Cadre conceptuel et méthodologique 167
C - Principaux résultats 181
D - Conclusion 191

CONCLUSION GENERALE 195

La science ! Il n'y a que des savants, mon cher, des savants et des moments de savants. Ce sont des hommes... des tâtonnements, des nuits mauvaises, des bouches amères, une excellente après-midi lucide. Savez-vous quelle est la première hypothèse de toute science, l'idée nécessaire de tout savant ? C'est que le monde est mal connu. Oui. Or, on pense souvent le contraire ; il y a des instants où tout paraît clair, où tout est plein, tout sans problèmes. Dans ces instants, il n'y a plus de science - ou, si vous voulez, la science est accomplie. Mais à d'autres heures, rien n'est évident, il n'y a que des lacunes, actes de foi, incertitudes ; on ne voit que des lambeaux et d'irréductibles objets, de toutes parts.

Paul VALÉRY. Monsieur Teste.

INTRODUCTION

Ce livre repose pour l'essentiel, sur des travaux en grande partie publiés ou en voie de l'être, et sur l'édition largement remaniée d'une "habilitation à diriger des recherches". Ces publications sont tout au long d'un itinéraire d'universitaire, des occasions précieuses de dialogue avec des collègues, des relecteurs anonymes, dont les visions critiques sont le plus souvent constructives et source d'enrichissement personnel. Dans le foisonnement actuel des études sur l'environnement, les préoccupations sociétales, lorsqu'elles sont évoquées, montrent fréquemment la nécessité d'une connaissance plus précise des évolutions environnementales récentes. L'objectif principal est alors de tenter d'imaginer, voire –plus rarement-

d'évaluer, les impacts et les transformations environnementales attendus dans un futur accessible à l'échelle d'une vie humaine.

Par la place de l'homme, parfois plus ou moins sous-tendue, par une approche « naturaliste », par la place importante accordée à l'observation et à la mesure, cet ouvrage se situe, sans aucun doute, dans le domaine des Sciences humaines. Il ne suffit pas de dire pour autant que l'on se place dans le domaine des « Sciences humaines », pour définir son approche, ses méthodes et ses objectifs. L'opposition implicite aux « Sciences dures », si souvent évoquée, parfois même d'une manière directe, pour ne pas dire caricaturale, ne peut suffire pour expliquer l'intérêt et le contenu d'une étude portant sur l'environnement. Bien heureusement, de nombreux ouvrages français, ou anglo-saxon, n'opposent pas toujours les Sciences humaines, les Géosciences, la Biologie. Le concept « d'Ecologie globale », dans son sens anglo-saxon, croise justement ces approches intégrées, multidisciplinaires, dans lesquelles le géographe a toute sa place. Toutes les approches environnementales sont bien évidemment légitimes, pour peu qu'elles reposent un moment ou un autre, même marginalement, sur une appréhension minimale du milieu naturel. Ne serait-ce tout simplement pour pouvoir dialoguer, comprendre et intégrer, avec pertinence, les travaux des disciplines voisines dans la construction de ses propres analyses. J'ajouterais que ces connaissances me paraissent souvent incontournables pour apprécier un peu plus efficacement les limites, les incertitudes, des informations utilisées et intégrées dans une réflexion. Ce travail de synthèse tente de souligner la complexité des évolutions environnementales à partir d'une réflexion et de travaux menés sur les transformations des milieux et des paysages.

> *Je tiens pour impossible de connaître les parties sans connaître le tout, non plus que de connaître le tout sans connaître particulièrement les parties.*
>
> PASCAL *In* E. Morin (1990)
> *Introduction à la pensée complexe*

CHAPITRE I

CADRE CONCEPTUEL ET IMPLICATIONS SOCIÉTALES

L'objet cet ouvrage travaux concerne les transformations des paysages et des milieux naturels. Il ne s'agit pas strictement de conduire une étude climatologique régionale, ou encore une étude hydrologique d'un espace particulier, mais bien de chercher à déterminer et à caractériser dans quelle mesure ces milieux présentent des évolutions particulières, avec ou non une empreinte consécutive à des actions humaines. Au-delà d'accroître notre connaissance sur les modifications d'un ou plusieurs paramètres, on peut s'interroger sur l'intérêt de se pencher sur les évolutions et transformations environnementales récentes. Tout au long de cet ouvrage, il est mis en avant très clairement que la connaissance des évolutions passées permet d'appréhender les changements à venir, et d'envisager un peu mieux les conséquences à plus ou moins long terme de prise de décision sur ces milieux. La plupart des impacts environnementaux liés à des interventions, des choix de gestion, ne peuvent être totalement imaginés sans une connaissance précise de ces évolutions récentes, et des éventuelles tendances associées (Karl *et al.*, 1995 et 1997 ; Gouderson, 1999 ; Scheffer *et al.*, 2001 ; Lomborg, 2001 ; Carrega *et al.*, 2004 ; Janssen *et al.*, 2007 ; Dubreuil *et al.*, 2011). Les décisions sur des modes de gestion, sur des actions à conduire doivent pouvoir s'appuyer tout autant sur une évaluation précise de ces milieux que sur leur dynamique propre, appréhendée un moment donné, puis sur plusieurs décennies (Holling, 1978 ; Pahl-Wostl *et al.*, 2007 ; Ferry *et al.*, 2009 ; Dumas *et al.*, 2010).

Certes, une multitude de modèles climatiques ou hydrologiques propose des projections sur les décennies à venir. Mais l'articulation de ces informations avec les usages et les aménagements ne peut se faire qu'avec une connaissance précise du passé, sans doute perçue, à tort ou à raison, comme plus objective, en tout cas toujours plus raisonnable. « *La science est parfois devenue aveugle dans son incapacité à contrôler, prévoir, même concevoir son rôle social, dans son incapacité à intégrer, articuler, réfléchir ses propres connaissances* » (Morin, 1990). Peut-on imaginer, par exemple, des acteurs locaux, ou nationaux, infléchir leur politique sur l'extension des stations de sports d'hiver en moyenne montagne sur la seule et unique foi des sorties de modèles, si corollairement une observation des années passées ne montre pas, par exemple, une certaine tendance à la baisse des durées d'enneigement ? Plus encore, peut-on imaginer des choix sociétaux douloureux sur la seule et unique base des projections de modèles, dont les informations sont d'ailleurs parfois contradictoires, sans regarder et s'appuyer sur les évolutions récentes ? Certains modèles prédisent l'avenir à 20 ans, 50 ans, ou plus encore, mais peut-on imaginer de se projeter dans l'avenir, et amorcer des choix socio-économique, sur l'unique conviction des scénarios proposés sans chercher à lire comment ces composantes ont évolué antérieurement dans un passé pas trop lointain ?

La connaissance des modifications environnementales récentes reste sans doute un élément essentiel pour aborder le futur, faire des choix d'aménagement et aider la décision territoriale. Autour de ces transformations environnementales passées, les enjeux sociétaux ne sont pas minces. Déceler les impacts des actions humaines ne peut se concevoir sans une solide analyse des comportements de ces milieux et de leur évolution passée. L'étude de ces évolutions pourrait d'ailleurs être, ou devenir ces prochaines années, un moyen important d'intégrer un rôle social à de nombreuses connaissances scientifiques. Aussi, parallèlement aux modèles prédictifs régionaux, avant de passer à l'étude des conséquences environnementales envisageables, ou de mettre en œuvre une réflexion sur les changements à venir, il semble au préalable indispensable d'apprécier également les évolutions passées. L'évaluation des changements futurs ne peut faire l'économie d'une connaissance précise des évolutions environnementales récentes. Tenter de cerner les impacts de l'activité humaine sur les ressources naturelles, ou les impacts des modifications du milieu, pour les prochaines années réclame une connaissance précise des observations passées. Et, si possible, une observation conduite sur la durée. Le contenu de cet ouvrage prend donc place au sein d'un système dans lequel des interactions de connaissance entre les évolutions naturelles passées, et les conséquences d'actions humaines, ou de choix de gestion, sont déterminantes.

Cependant, les études environnementales montrent et soulignent souvent la difficulté de décrire précisément, de caractériser, l'état d'un milieu, puis de suivre son évolution au cours du temps. A partir de séries souvent réduites à quelques années, étendre la connaissance d'un phénomène sur plusieurs décennies, voire sur plus d'un siècle, permet cependant de mieux envisager et préparer ses réactions, ses capacités d'absorption, de mieux anticiper ses modifications à la suite d'initiatives ou d'actions environnementales (figure 1).

L'analyse d'une évolution, éventuellement tendancielle, à partir de séries chronologiques implique nécessairement de posséder plusieurs décennies d'observations. La période de référence est l'année, même si les tendances peuvent être regardées à une échelle temporelle plus fine, mensuelle, journalière, voire horaire. Il ne faut donc pas confondre le nombre d'observations avec sa nature : une suite de températures moyennes quotidiennes d'une année, n'est –malheureusement– pas strictement une série chronologique. En revanche, la suite de 30 valeurs de température moyenne de 30 années consécutives, ou 30 mois consécutifs, devient une série chronologique (Arléry *et al.*, 1973). Pour comprendre et saisir des évolutions significatives des milieux naturels, à partir de données systématiquement marquées par une variabilité interannuelle forte, l'un des enjeux est sans doute de chercher des séries d'observations les plus longues possibles.

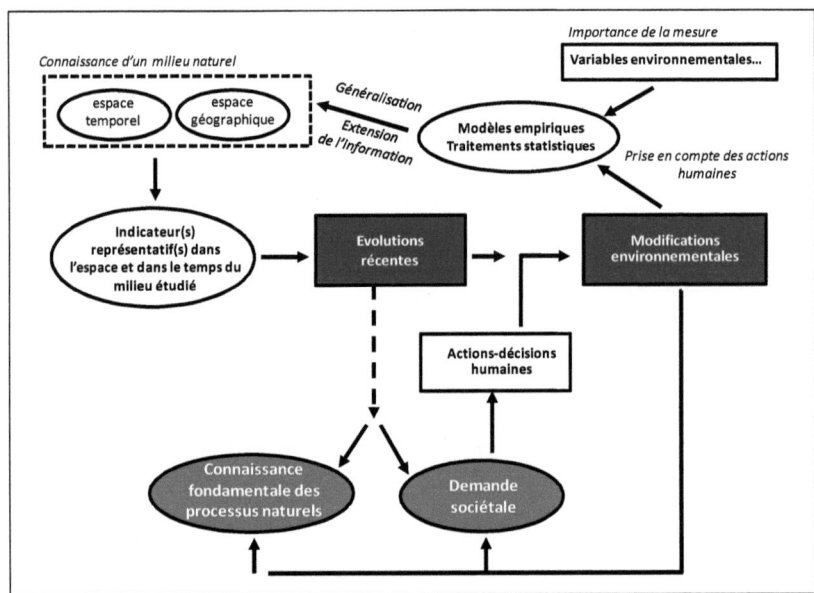

Figure 1. Schématisation systémique de ma recherche sur les transformations des milieux

Ces séries doivent cependant intégrer des valeurs obtenues dans des conditions instrumentales ou méthodologiques sensiblement analogues. En effet, étudier des modifications, et éventuellement déceler des tendances sur des temps longs, implique de conduire des comparaisons. A quelqu'un qui lui disait « la vie est dure », Voltaire aurait répondu : « comparée à quoi ? » (Simon, 1995).

La lecture chronologique des événements qui impactent l'environnement n'est pas évidente. Les évolutions tendancielles ne sont que rarement spectaculaires, souvent réduites, parfois même peu perceptibles. Toujours brouillées, et embrouillées, par la forte irrégularité interannuelle des évolutions environnementales. Lire et déceler des tendances à partir de ces informations doit donc se faire avec une grande prudence. A partir de quand passe-t-on à une lente modification du milieu naturel ? Identifier des tendances conduit souvent à déceler une tendance alors qu'on n'observe qu'une suite d'évènements aléatoires (Gould, 1997). La théorie séduisante (et amusante) de Jay Gould (1997) pour expliquer cette recherche effrénée et immodérée de tendances est que nous serions des créatures avides de tendances car nous n'aimons rien tant qu'une belle histoire, pour des raisons tenant à la fois à notre culture et à notre nature.

La caractérisation des transformations environnementales s'appuie souvent sur des observations reconstruites sur l'ensemble du XXème siècle, voire un peu plus. Sans une intervention humaine, les modifications environnementales demeurent généralement de faibles intensités, et avec des variabilités interannuelles très fortes. Par conséquent, elles imposent fréquemment une lecture de l'évolution des différentes composantes de ces milieux sur une fenêtre temporelle proche du siècle. Cependant, lorsque ces modifications, notamment à la suite de choix de gestion ou d'aménagement, deviennent très fortes, il n'est plus strictement nécessaire de conduire cette observation sur des périodes aussi étendues pour saisir l'importance et les impacts induits par ces actions humaines. Dans le cadre de cet ouvrage, sur des thèmes principalement hydro-climatiques, l'étude des transformations des milieux, et des modifications environnementales, a été appliquée sur deux espaces différents, d'une part, sur des terrains alpins, et d'autre part, sur le bassin du Sénégal.

- Dans les Alpes, et dans des montagnes similaires, des modifications apparaissent au cours du XXème siècle, elles sont parfois à nuancer selon la nature des variables, et le pas de temps des observations. Dans le cadre de cet ouvrage, les transformations des territoires alpins sont regardées sous l'influence de modifications environnementales plus générales, et dans lesquelles l'homme intervient d'une manière indirecte. L'approche privilégiée est essentiellement centrée sur les processus naturels observés dans les Alpes, plus que sur les actions de l'homme en elles-mêmes. Bien sûr, ces dernières ne sont pas inexistantes dans les Alpes, elles sont d'ailleurs parfois nécessairement intégrées dans l'analyse conduite sur les modifications de ces espaces (extension de la forêt, prélèvement sédimentaire dans les cours d'eau, travaux de génie civil…).

Ces transformations sont évaluées et analysées sur l'ensemble du XXème siècle, voire parfois un peu plus. Ainsi, dans les Alpes, pour suivre les modifications environnementales opérées au cours du XXème siècle, des indicateurs environnementaux et des modèles statistiques sont indispensables à définir. Sur plus d'un siècle, l'intensité de l'interception des pluies par la couverture forestière (Aussenac, 1981 ; Nizinski et Saugier, 1988 ; Gash *et al.*, 1995 ; Dumas, 2008b) et l'évolution de l'érosion sont analysées, modélisées et décrites (Pardé, 1925 ; Chardon, 1996 ; Marnezy, 1999 ; Vautier, 2000 ; Allain Jegou, 2002 ; Dumas, 2004a et 2007). De même, l'évolution des températures dans les Alpes du Nord sur une cinquantaine d'années est également présentée et modélisée afin de pouvoir ensuite les étendre sur plus d'un siècle (Saintignon, 1976 ; Harding, 1978 ; Bücher and Dessens, 1991 ; Beniston *et al.*, 1994 ; Diaz et Bradley, 1997 ; Weber *et al.*, 1997 ; Bigot et Rome, 2010).

- Avec la construction de deux barrages à la fin des années 80, les transformations du delta du Sénégal arrivent à la fin du XXème siècle (Engelhard, 1991 ; Kane, 1997 ; Blanchon, 2003 ; Leroy, 2006 ; Mietton *et al.*, 2008 ; Dumas *et al.* 2010). Aussi, pour caractériser et comprendre les modifications et les impacts des actions humaines sur cet espace, il n'est plus strictement nécessaire de vouloir cerner ses composantes environnementales sur une durée centennale. Dans l'étude des transformations du delta du Sénégal, les conséquences des aménagements hydrauliques sont appréhendées selon deux démarches complémentaires. L'une s'inscrit dans l'établissement d'un bilan conduit à partir d'une comparaison de la situation actuelle par rapport aux objectifs initiaux visés par ces aménagements. L'autre vise plus particulièrement à définir une synthèse des impacts générés par ces aménagements. Souvent, ces impacts n'ont pas été évoqués, voire imaginés, lors leur mise en place. Si une certaine désillusion apparaît lorsque les objectifs visés ne sont pas totalement atteints, les impacts impliquent, en revanche, des solutions de rectification, dans le meilleur des cas, ou de compensation. Ces solutions arrivent alors après coup, mises en place par tâtonnements et souvent définies dans l'urgence.

Le temps modifie incessamment l'espace

Elisée Reclus
L'homme et la Terre (1905)

A – Problématisation des approches environnementales

A partir de différents exemples, cet ouvrage se propose de cerner et de caractériser les transformations de milieux, liées ou non aux interventions humaines. Lorsque les informations sont accessibles, il s'agit de retracer les changements de l'environnement, et ce depuis le début du XXème siècle, voire la fin du XIXème siècle. Comment sur des milieux naturels, est-il possible de saisir cette évolution, de la définir, et comment s'exprime-t-elle ?

Tout au long de ce livre, cette problématique s'est enrichie d'une certaine curiosité en termes de sujets abordés, avec des incursions sur des domaines parfois légèrement éloignés des uns des autres. Ce qui pourrait apparaître comme une faiblesse dans un ouvrage de synthèse, une certaine dispersion, est lorsque l'on s'intéresse aux phénomènes environnementaux indéniablement un atout précieux. Même si ces différentes approches abordent que quelques éléments de la complexité environnementale, elles permettent d'avoir une expertise plus solide, plus fine, plus nuancée, dans l'analyse des environnements où l'interaction d'une multitude de facteurs reste toujours la règle. Pour définir et mieux cerner ces transformations environnementales, les exemples donnés s'appuient et utilisent le plus souvent des mesures de variables qui composent et caractérisent les milieux étudiés.

a - Place de la mesure dans la connaissance des milieux

Aujourd'hui, la mesure est une démarche relativement courante, et parfois surabondante. Elle n'épuise pas pour autant une connaissance encore imparfaite du « réel ». Et puis, sous une séduisante objectivité trompeuse, encore faut-il savoir précisément ce qui est mesuré. Connaître la représentativité spatiale et temporelle de cette mesure. L'abondance de données, leur origine, leur usage obligent à une plus grande vigilance et d'une indispensable nécessité de conduire une réflexion sur leur qualité, leur limite de validité et leur représentativité. Il est certain que les mesures ne sont pas la totalité du connaissable et ne doivent pas être prises pour ce qu'elles ne sont pas (Bernadis et Hagene, 1995). Dans le cadre de cette problématique sur les transformations des milieux, nous tentons de montrer que la mesure n'est pas toujours suffisante pour définir et caractériser un milieu. Cependant, si la mesure n'est pas toujours incontournable en Géographie, en tout cas exclusive, elle reste souvent indispensable dans les approches environnementales que ce soit au niveau du diagnostic, de l'évaluation ou même de la gestion d'un milieu.

Pour comprendre et saisir le « monde », sans *a priori*, sans chercher à coller, ou transposer, des concepts, des théories sur des espaces invariablement singuliers, s'appuyer sur des mesures est sans doute le plus souvent la moins mauvaise solution. Les mesures et les quantifications permettent de passer de l'espace continu du « Réel » à l'espace discret du « Connu » (Perdijon, 2004). On pourrait penser dans le domaine de l'environnement, d'une manière volontairement provocatrice, en transposant la célèbre boutade de Winston Churchill, qu'elle reste la pire des approches, à l'exclusion de toutes les autres. « *A la différence des mots, ils (les chiffres) ne fument pas, ils ne sentent pas. Les lois ne forcent personne, n'exigent rien. Ces chiffres donnent, tranquillement, la mesure du monde* » (Audiberti, 1983). En Géographie, les approches quantitatives, même minimales, sont pourtant parfois totalement délaissées dans certains travaux abordant l'environnement. Parfois, on met en avant une dichotomie curieuse, entre la Science « dure » et la Science « humaine », en cantonnant la première aux mesures et la seconde aux approches conceptuelles, rhétoriques et sociales. Comme si la pensée et les analyses sociétales ne pouvaient pas - voire ne devaient pas - se nourrir d'allers-retours entre des observations, des mesures

« physiques », et la prise en compte des logiques d'acteurs ou des nécessités sociales.

Depuis l'Antiquité, pour mieux comprendre et souvent maîtriser le monde, les hommes n'ont cessé d'inventer et de construire des instruments capables de mesurer. Pour comprendre, caractériser, comparer, et suivre des évolutions d'un milieu naturel, le géographe s'intéresse fréquemment à des variables quantifiables et cherche pour cela à les mesurer. Contrairement aux approches purement qualitatives, la mesure permet d'apprécier des grandeurs d'une manière plus objective, de les partager, de les transmettre, de les comparer dans le temps et dans l'espace. « La science du solitaire est qualitative, la science socialisée est quantitative » (Bachelard, 1938). A l'inverse, il ne faudrait pas croire non plus d'une manière trop dogmatique que les chiffres suffisent, qu'ils seraient même indiscutables ou systématiquement clairs. Certes, selon le pythagoricien Philolaos, au $V^{\text{ème}}$ siècle avant J.-C. (*in* Mattéi, 1996), tout est « *connaissable à un nombre, [et que] sans celui-ci, on ne saurait rien concevoir ni rien connaître* ». La grandeur n'est cependant pas automatiquement objective. On se trompe d'ailleurs si l'on pense qu'une connaissance quantitative suffit, et échappe par principe aux dangers de la connaissance qualitative (Bachelard, 1938). Depuis l'Antiquité, la science de la mesure et les instruments utilisés pour comprendre l'environnement ont naturellement largement évolué (Barchiesi, 2003 ; Lamouline, 2005). Alors qu'au $XVII^{\text{ème}}$ siècle, on fabriquait surtout des instruments pour « voir » (télescope, microscope, etc.), au $XVIII^{\text{ème}}$ siècle, les instruments mesurent (Bensaude-Vincent, 1995). Dès lors, les hommes n'auront de cesse que d'augmenter leur précision, leur finesse, et leur adaptabilité à des milieux de toute nature. L'activité de mesure s'intensifie et les articles scientifiques sont de plus en plus couverts de chiffres, de tables et d'exposants. Il est parfois indispensable de connaître l'évolution historique des instruments et des capteurs pour exploiter des observations anciennes. Par exemple, les températures observées à Paris depuis 1676 ont été reconstituées, par étalonnage et conversion en degrés, en prenant en compte cette évolution des appareils de mesure (Rousseau,

2009). Cette évolution des instruments de mesure pourrait même caractériser « *les différents âges d'une science* » (Bachelard, 1938).

C'est dire si les approches environnementales ne peuvent évacuer d'un revers de main un temps de réflexion sur les moyens utilisés pour appréhender et quantifier l'état d'un espace, d'un milieu, et les flux qui le traversent. Peut-on par ailleurs utiliser des chiffres, des nombres, des valeurs, sans connaître ou maîtriser leur sens, leur origine et leur limite. Dans les sciences de la nature, la mesure est l'instrument de prédilection de la connaissance. Mais, et moins encore pour un Géographe, il ne suffit pas de mesurer pour connaître. Encore faut-il savoir ce qui est mesuré et ce qu'on mesure. La mesure doit être couplée à une prise en compte des variations spatiales du paramètre mesuré. Les composantes d'un milieu présentent presque toujours cette double variabilité ; dans le temps et dans l'espace. Comment mesurer et appréhender les différentes composantes d'un milieu toujours complexe et toujours hétérogène, à certaines échelles tout du moins ? Et comment suivre les variations temporelles de ces milieux et de leurs composantes ?

Dans l'espace, les variables possèdent toujours une autocorrélation plus ou moins forte, plus ou moins complexe. D'ailleurs, sans cette autocorrélation spatiale, sans la non-indépendance entre les valeurs, elles seraient aléatoires. La géographie serait alors sans doute moins riche et, même, moins intéressante. « *La géographie est fille de cette autocorrélation spatiale* » (Dauphiné et Voiron-Canicio, 1988). Le passage des mesures ponctuelles à une estimation spatiale, à une « régionalisation », est souvent indispensable à la fois pour replacer cette mesure, ou ces mesures, dans le fonctionnement du milieu que l'on cherche à connaître et pour estimer des valeurs représentatives d'un espace plus vaste. Généralement le géographe a la volonté de chercher à connaître un espace non pas circonscrit autour de la mesure elle-même, mais de la situer et de la replacer dans un espace plus régional, ou tout du moins, à une échelle qui a un sens. C'est, par exemple, le bassin versant dans les approches hydrologiques. La mesure ponctuelle, ou à partir d'un site expérimental, ne donne toutefois qu'une image relative du fonctionnement réel d'un milieu (Mietton, 1998). Opérer ce transfert d'échelle n'est pas toujours simple.

b - Démarche générale

La relation d'un chercheur à son terrain d'étude s'exprime évidemment très différemment selon les personnes. La pratique du terrain appelle, et probablement un peu plus que dans toute autre démarche, à mettre en avant l'observation au cœur des réflexions. L'approche utilisée tout au long de cet ouvrage, certes s'est nourrie ou s'est appuyée parfois sur des théories (Lacoste, 2001 ; Dauphiné, 2003), mais elle est toujours restée, et assez largement, ancrée sur l'observation des milieux. Cette approche inductive est ainsi présente tout au long des travaux présentés dans cet ouvrage.

L'ensemble des exemples présentés dans ce livre intègre l'importance de l'observation, de la lecture des paysages, des relevés d'indices, de l'exploitation de mesures environnementales. Observer, mesurer, pour confirmer ou infirmer des hypothèses, ou plus simplement des intuitions, sont des démarches au coeur des travaux présentés. De nombreux auteurs soulignent d'ailleurs parfaitement cette nécessité de conduire un travail en plusieurs étapes : *« on observe d'abord puis on cherche à comprendre, à évaluer, à expliquer, voire à théoriser »*. Ces démarches, que l'on pourrait également qualifier de « naturalistes », impliquent souvent de conduire des approches empiriques, progressives, parfois tâtonnantes, relativement heuristiques, et presque toujours inductives. C'est aussi dans ces approches environnementales, sans doute, la curiosité qui doit dans un premier temps prévaloir, en évitant le plus possible trop d'*a priori*. Le terme « inductif » se réfère souvent à une démarche s'appuyant sur des informations collectées sans formuler préalablement d'hypothèse, ou sans théorie(s), et donc en privilégiant l'observation initiale (Le Berre, 1987). L'explication arrive ensuite, et s'appuie éventuellement sur une généralisation des faits observés. Ce terme renvoie à un raisonnement qui tente d'aller du particulier au général, ou qui débute d'une série d'observations pour essayer ensuite d'en dégager une éventuelle « théorie », ou -plus modestement- une relation plus générale, ou des interrelations, entre les données recueillies tout au long d'une étude. En affinant encore davantage la caractérisation de la démarche scientifique utilisée dans le cadre cette étude sur les transformations environnementales, ces travaux s'appuient, ou tentent de s'appuyer, sur une approche générale que l'on pourrait qualifier sans doute plus précisément «d'holistico-inductive» (Amboise, 1996). Le terme « holistico » précise mon souci d'aborder les phénomènes ou les milieux dans leur contexte et dans leur globalité. Il suppose de chercher à prendre en compte, à collecter, à saisir toutes les informations susceptibles d'apporter un éclairage sur une étude particulière.

Certains géographes ont des avis plus tranchés sur cette démarche « inductive » axée, pour l'essentiel, sur l'observation du terrain (Dauphiné, 2001 ; Claval, 2007). Ils préconisent dès lors des démarches déductives ou « hypothético-déductives » (Le Berre, 1987 ; Staszak, 1997 ; Miossec, 2001). Ces dernières ne sont pas pour autant sans valeur, mais doivent-elles être systématiques ? Selon André Dauphiné (2003) « *aucun géographe n'a jamais rien trouvé en parcourant le terrain sans a priori théorique. [...] Le terrain sert de vérification aux hypothèses fondées sur la théorie* ». L'auteur va même plus loin en stigmatisant ouvertement les approches inductives de la géographie, en évoquant par exemple « *le refus de la démarche théorique...* », « *des opposants* », ou même encore « *des irréductibles* ». A la lecture de cet ouvrage, parfois non dénué d'humour, dont certaines idées sur le « compliqué » et le « complexe » étaient déjà déclinées dans l'ouvrage de Ch.-P. Péguy (2001), le manque apparent d'un appui théorique peut donc laisser un géographe de terrain, jamais totalement pétri de certitudes, un peu perplexe. Notamment quand une théorie, éventuellement sous-jacente (Dauphiné, 2003), mais non formalisée, n'est pas à la base de sa réflexion. *A contrario*, notons que l'auteur évoque à plusieurs reprises, en s'appuyant sur des travaux de sociologues, le danger d'assimiler toute formalisation à une théorie : « *il existe en sciences sociales une tendance à honorer du nom de théorie n'importe quel ramassis d'opinions* ».

c – Deux milieux différents en guise d'illustration

L'application de la problématique des transformations des milieux sur deux espaces différents, avec une prise en compte prépondérante des actions de l'homme dans un cas, implique nécessairement des adaptations méthodologiques, même si elles procèdent d'une démarche commune. Sur l'espace alpin, les méthodes sont basées sur un maillage fin des informations et mesures utilisées, alors que sur le delta du Sénégal l'intégration de données à large spectre (informations environnementales, socio-économique, hydrosanitaire...) implique des méthodes légèrement différentes et intégratrices d'information à grains plus grossiers.

Plutôt qu'une articulation de cette synthèse avec une partie sur les « méthodes », suivie d'une partie concernant les « résultats », et dans un souci de clarté, cet ouvrage prend le parti de présenter successivement les milieux alpins, puis le delta du Sénégal. Les transformations environnementales au sein de ces deux espaces sont présentées selon un canevas commun reposant d'abord sur une description des méthodes utilisées, puis sur une présentation des principaux résultats et apports à la connaissance de différents milieux et processus naturels.

L'étude de la transformation des milieux est appliquée sur deux espaces distincts, le premier concerne l'espace alpin, et le second, un espace semi-aride de l'Ouest africain. Ainsi, elle est abordée à travers deux démarches complémentaires l'une de l'autre. Une première démarche, appliquée sur les espaces alpins, met l'accent sur la quantité et la qualité de la mesure pour cerner au mieux les modifications et les dynamiques des milieux naturels. L'autre, sans totalement écarter l'utilisation de mesures, est au contraire établie sur un espace beaucoup plus vaste, dans une démarche plus globalisante où la place de l'homme, par ses choix de gestion ou d'aménagement, intervient d'une manière souvent très forte, et évidente, dans les dynamiques des milieux. Pour comprendre, pour anticiper, pour prévenir, l'évolution de ces deux régions, différents modèles statistiques sont établis ou cherchent à être établis. Les modèles utilisés tout au long de ce travail confrontent et mettent en relation, d'une manière empirique, des variables de nature différente, dans un premier temps afin de structurer, comprendre, réduire une information complexe, et rendre ainsi « *le monde plus intelligible* » (Le Berre, 1987). Dans un second temps, ils offrent la possibilité de généraliser et d'étendre des informations sur un espace géographique et temporel élargi.

• *Évolution des milieux naturels alpins*

Sur cet espace, la démarche générale s'appuie sur une connaissance locale pour tenter de suivre et d'identifier certaines caractéristiques des milieux sur plusieurs décennies, voire sur plus d'un siècle. La place de l'homme est alors plus ténue, au profit d'un focus centré essentiellement sur les processus naturels. A partir de mesures locales, parfois nombreuses, l'objectif est d'évaluer précisément des phénomènes et des processus environnementaux que l'on observe dans les montagnes alpines. Il pourrait éventuellement se suffire à lui-même, puisqu'il contribue à apporter des connaissances originales sur un espace montagnard toujours complexe. C'est davantage une étape préparatoire à la reconstruction de données sur des périodes plus longues, ou sur un espace plus vaste, à partir de différents modèles. A partir d'un maillage important de mesures, souvent sur un espace alpin relativement bien circonscrit, cette approche cherche surtout à modéliser l'information afin de l'étendre, avec une bonne précision, dans le temps et l'espace. Sur un temps plus long, les phénomènes naturels, les flux, les composantes des milieux et leur variabilité temporelle peuvent alors être mis en relation, et des interdépendances peuvent être mises au jour. Et, sur un espace souvent plus vaste, sur une période plus longue que celle observée initialement à partir des mesures existantes, il est possible de déceler et lire des évolutions de ces milieux naturels.

Pour organiser les principaux travaux conduits sur ces espaces alpins, il a été retenu de partir du cycle de l'eau. Puisque plusieurs phases de ce cycle sont étudiées précisément : les pluies arrivant au sol dans des milieux forestiers, la dynamique d'un lac d'altitude, puis l'écoulement et le transport de matière solide associé, pour terminer par l'étude des températures, et donc indirectement une connaissance des processus d'évaporation.

L'étude de l'interception des pluies par la forêt est menée à partir d'un site expérimental situé en moyenne montagne. Les mesures sont nombreuses même si elles restent très ramassées dans l'espace. Il s'agit ensuite de pouvoir intégrer ces différentes mesures puis de les transférer à une échelle plus large. Comment peut-on passer d'un espace relativement bien connu à l'échelle d'un massif ? Quel intérêt de rester à un espace métrique, voire kilométrique, si au final on ne peut transposer ces mesures sur un espace qui a un sens ? L'étude des flux sédimentaires de l'Isère s'appuie pur l'essentiel sur un unique point de mesure. Elle met en avant le risque d'utiliser un seul point de mesure pour appréhender un milieu même spatialement très réduit. Avec la caractérisation des températures dans les Alpes du Nord, à l'inverse, la problématique est alors de résumer les informations et les caractéristiques d'un espace devenu paradoxalement (trop) complexe par la multitude d'observations. Ces observations en fonction des effets locaux, en fonction des conditions de site, ne montrent pas toujours des évolutions totalement analogues. Comment peut-on synthétiser ces observations, afin –là aussi- de caractériser un espace suffisamment vaste pour passer d'une étude locale à une étude plus régionale ?

- *Évolution du delta du Sénégal sous l'influence des actions humaines*

Localement ou régionalement, les évolutions des milieux sont aussi largement tributaires de décisions humaines. Ces choix infléchissent, parfois d'une manière brutale, les lents et progressifs ajustements consécutifs à la variabilité naturelle du contexte climatique ou à des changements environnementaux de grandes ampleurs. Notons que dans ce dernier cas, l'homme peut déjà avoir une implication directe, ne serait-ce, par exemple, qu'à travers l'augmentation des gaz à effet de serre et de leurs conséquences à l'échelle mondiale. A une échelle locale ou régionale, les choix de gestion ou de prises de décision, les aménagements peuvent modifier encore davantage les milieux et leur évolution, pour le meilleur comme pour le pire.

Elles laissent place à des modifications environnementales, des ruptures plus ou moins marquées avec des irréversibilités souvent très fortes. Une partie de l'ouvrage est justement consacrée aux interactions de ces évolutions naturelles avec les actions humaines, notamment en termes d'aménagement ou de choix de gestion. Les systèmes environnementaux résistent souvent aux changements et absorbent les modifications jusqu'au point critique au-delà duquel l'introduction d'une donnée supplémentaire dans le système provoque un changement d'état considérable (Holling, 1973 et 1978 ; Scheffer *et al.*, 2001 ; Janssen *et al.*, 2007 ; Pahl-Wostl *et al.*, 2007). C'est la notion de résilience, utilisée dans les approches environnementales depuis les travaux de Holling, en 1973. Elle offre une grille de lecture intéressante et précieuse pour comprendre les conséquences des modifications environnementales sur les sociétés. L'image de la goutte d'eau qui fait déborder le vase démontre intuitivement que tout changement n'est pas continu. Ces évolutions et ces ruptures seront abordées avec l'exemple des aménagements hydrauliques de la basse vallée du Sénégal. Car, si rupture signifie changement brutal et probablement irréversible d'un système d'exploitation de ressources naturelles, le delta du Sénégal l'illustre parfaitement.

> *La mesure séduit peu… [ ] On préfère les passionnés, les enthousiastes, tous ceux qui se laissent emporter par leur foi ou leur instinct. On préfère les prophètes, les démagogues, les tyrans, bien souvent, aux arpenteurs du réel, aux comptables sourcilleux du possible.*
>
> Comte-Sponville
> *Mesure et démesure (1995)*

B – EVOLUTION DES MILIEUX NATURELS ALPINS
FOCUS SUR LES PROCESSUS NATURELS

Cette partie repose au préalable, et tout particulièrement, sur une reconnaissance spatio-temporelle de phénomènes environnementaux, qui sont parfois particuliers aux espaces montagnards. Dans de nombreuses disciplines abordant les approches environnementales, la démarche spatiale et temporelle relève sans doute de la pratique courante. Pour mieux comprendre et saisir les évolutions d'une ressource ou d'un milieu, le géographe conserve également sa place, comme le physicien, le géologue, le glaciologue, le biologiste, l'écologue ou le sociologue, il peut largement contribuer à mieux saisir sa complexité spatio-temporelle (Bénévent, 1926 ; Rambaud, 1962 ; Tonnel et Ozenda, 1964 ; Mattaeuer, 1989 ; Maire, 1990 ; Humbert, 1995 ; Peiry, 1997 ; Delannoy, 1997 ; Messerli et Ives, 1999 ; Marnezy, 1999 ; Dobremez, 2001 ; Schmidli *et al.*, 2002 ; Lhotellier, 2005 ; Beniston, 2005; Francou et Vincent, 2007 ; Bigot et al., 2007 ; Barry, 2008 ; Delannoy *et al.*, 2009). Dans cette approche, l'une des principales difficultés est celle du transfert de l'information issue de mesures ponctuelles. Comment peut-on passer de mesures locales à un espace plus large ? La plupart des travaux déclinés dans cet ouvrage reposent, d'une manière plus ou moins directe, sur le sens et la représentativité spatiale des mesures collectées. L'objectivité d'une mesure environnementale ne réside sans doute que marginalement dans le nombre de zéro affiché après la virgule, mais bien en premier lieu dans sa capacité à être représentative de ce même milieu. Ce n'est pas non plus l'abondance de données qui fait la pertinence d'une étude, la quantité ne faisant pas toujours la qualité. En zone de montagne, cet adage reçoit une formidable confirmation (Haubert, 1975 ; Catelani, 1986 ; Guyot *et al.*, 1993 ; Lhénaff *et al.*, 1993 ; Messerli et Ives, 1999 ; Mahr et Humbert, 2000 ; Dobremez, 2001 ; Descroix et Olivry, 2002 ; Beniston, 2005 et 2006 ; Horton *et al.*, 2006).

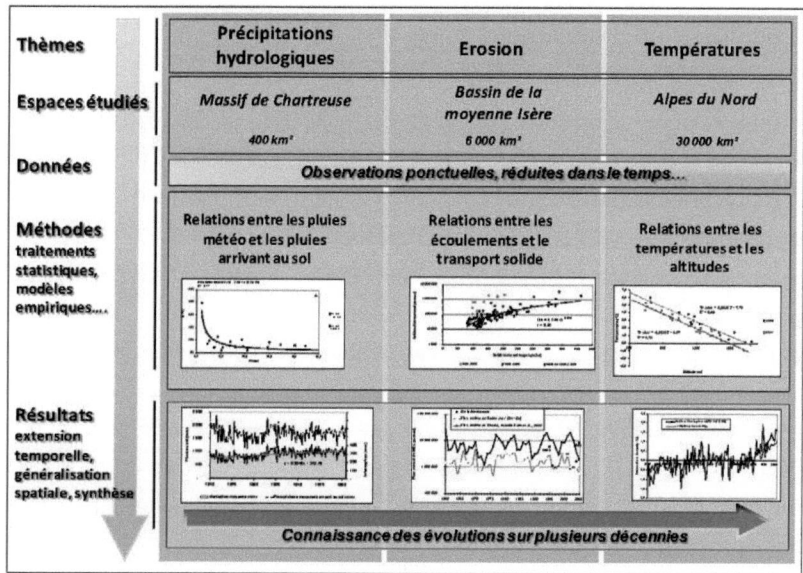

Figure 2. Synthèse générale des études présentés dans cet ouvrage sur les milieux alpins

Pour que cette mesure, ou ce groupe de mesures, « transcende » les singularités locales, il faut à un moment pouvoir passer à une autre échelle (figure 2). Ce transfert est rendu toujours un peu plus délicat en zone de montagne. Les montagnes introduisent toujours une multitude de nuances et de contrastes sur de faibles distances. Il s'agit pourtant de comprendre et saisir des phénomènes dépassant le cadre centimétrique, métrique, voire l'unique connaissance du seul processus. Cette partie cherche à aborder des phénomènes relativement généraux (érosion, disponibilité en eau, évolution des températures), en prenant appui, comme point de départ, sur un détail particulier saisi à partir de mesures locales.

a - Précipitations hydrologiques au sein d'un massif alpin de moyenne montagne

Une gestion cohérente des eaux d'un massif montagneux nécessite une connaissance précise des précipitations arrivant au sol, que l'on nomme généralement « précipitations hydrologiques ». Or, l'eau disponible pour l'écoulement, ou pour les réserves souterraines, est plus réduite que celle définie à partir des seuls relevés météorologiques. En effet, la forêt intercepte et retient un pourcentage plus ou moins élevé des pluies sur son feuillage diminuant du même coup la quantité d'eau réellement reçue par le sol (Bultot *et al.*, 1972 ; Aussenac, 1975, 1981 ; Petit et Kalombo, 1984 ; Humbert et Najjar, 1992 ; Gash *et al.*, 1995 ; Llorens et Gallart, 2000 ; Carlyle-Moses, 2004). Une partie de cette eau interceptée est ensuite évaporée, diminuant la quantité d'eau réellement reçue par le sol, et ainsi l'eau susceptible de se retrouver dans le réseau hydrographique, ou dans les aquifères karstiques. Le bilan hydrologique est modifié, avec une quantité d'eau éventuellement disponible pour l'écoulement, ou les réserves souterraines, plus réduite que celle définie traditionnellement à partir des relevés météorologiques.

En Chartreuse, avec plus de 260 km² de superficie, la forêt occupe une place très importante tant dans le paysage, que dans économique locale. Depuis la révolution industrielle, on peut estimer que plus de 10% des terres et des espaces de moyenne montagne ont été abandonnés au profit d'une extension de la couverture forestière. Le transfert de l'eau atmosphérique en une eau utilisable comme ressource, a donc été progressivement modifié au cours de ces dernières décennies par la transformation progressive du paysage. Sur le massif de la Chartreuse, l'influence sur les précipitations de la couverture forestière, fortement présente dans le paysage, reste pourtant encore mal appréciée. L'objectif de cette partie est de cerner et quantifier l'influence de cette couverture forestière sur les précipitations. Sur le massif de la

Chartreuse, où la couverture forestière tient une place majeure (deux tiers de sa superficie), quelles sont les précipitations arrivant réellement au niveau du sol ?

L'interception des pluies par la forêt est dans un premier temps appréciée, à une échelle locale, avec de mesures pluviométriques conduites directement en milieu forestier. Puis, dans un deuxième temps, à partir des relations trouvées entre les pluies météorologiques et l'importance de l'interception, l'influence de la forêt sur les précipitations est établie à l'échelle de l'ensemble du massif. Il s'agit donc de passer d'une connaissance ponctuelle, mais conduite sur une parcelle expérimentale avec un grand nombre de capteurs, à un espace nettement plus grand, qui est celui du massif. Comment opérer ce changement d'échelle d'une manière judicieuse afin d'estimer l'influence de la couverture forestière sur les précipitations, non pas seulement au sein d'une parcelle, mais bien à l'échelle d'un massif ?

Dans un second temps, l'impact de l'extension de la forêt depuis le milieu du XIXème siècle sur les quantités d'eau perdues pour l'écoulement et les réserves souterraines peut être évalué à l'échelle du massif. La connaissance de cette interception est particulièrement importante si l'on cherche, par exemple, à évaluer le renouvellement de la ressource en eau des aquifères et éventuellement à optimiser la gestion de cette ressource. Ou encore, si l'on souhaite apprécier le lien, parfois modélisé avec des algorithmes complexes, entre les entrées d'eau et les écoulements de surface.

b - Dynamique hydrologique d'un lac alpin

Le lac du Lauvitel, ou « *Le Lauvitel* », placé à 1500 m d'altitude, est situé dans une réserve intégrale inscrite dans le Parc National des Ecrins. Le Lauvitel est un lac aux caractéristiques bien particulières, tant par ses origines géomorphologiques que par son fonctionnement hydrologique. Il présente, avec un marnage annuel moyen de plus de 20 m, une fluctuation annuelle exceptionnelle du niveau de son plan d'eau à l'échelle de l'ensemble des Alpes.

Tous les lacs intègrent et réagissent à de nombreux paramètres hydro-climatologiques. Au même titre que l'état de santé des glaciers, ils sont des témoins environnementaux extrêmement précieux pour mieux cerner et comprendre l'évolution actuelle des milieux environnants. Dans les Alpes, quatre glaciers sont particulièrement suivis par le LGGE (Laboratoire de glaciologie et géophysique de l'environnement) et les bilans de masse calculés pour ces glaciers permettent de mieux caractériser les évolutions climatiques depuis plusieurs décennies. De même, la connaissance du bilan hydrologique du lac Lauvitel et de son évolution, devrait permettre de mieux appréhender les modifications climatiques actuelles dans ce secteur alpin.Sur les lacs, les impacts liés aux modifications climatiques y sont généralement beaucoup plus sensibles que sur la mer. L'évolution environnementale de cette région sera saisie d'autant plus aisément sur ce site que *Le Lauvitel* présente l'avantage exceptionnel de réagir très fortement aux entrées climatiques avec des variations de la cote du plus d'eau plus ou moins marquées selon les années. Dans la mesure où ce lac est une sorte de « sentinelle environnementale », il sera intéressant de connaître le plus précisément possible les relations des niveaux lacustres avec les paramètres climatiques actuels. Ces relations, entre les variations des niveaux lacustres et les paramètres environnementaux, voire avec le changement climatique, restent complexes, et ne sont pas, pour l'heure, encore totalement cernées.

c - Écoulement et transport solide dans les Alpes

L'Isère est un témoin particulièrement révélateur du fonctionnement hydrosédimentaire des grands bassins versants alpins. Avec la superficie de son bassin, elle est représentative la dynamique érosive actuelle dans les Alpes du Nord. Par le caractère montagneux de son bassin, l'Isère est l'un des principaux pourvoyeurs de matière en suspension du Rhône, même si l'Isère est un affluent relativement modeste du Rhône par sa contribution aux écoulements. Avec en moyenne une contribution d'un dixième de l'écoulement hydrologique annuel du Rhône, elle apporte un quart du transit annuel de sédiments (Dumas, 2007). Le régime de l'Isère à Grenoble, à l'extrémité méridionale du sillon alpin, est connu depuis plus de 150 ans. Avec un module annuel d'environ 200 m^3.s^{-1}, l'Isère reste l'un des plus importants cours d'eau alpins (Pilot, 1859 ; Champion, 1861 ; Pardé, 1925 ; Vivian, 1969 ; Cœur, 2003 ; Salvador *et al.*, 2004).

En termes de gestion d'un cours d'eau, la quantification des flux de matière en suspension (MES) est également essentielle. Cette connaissance de l'érosion est particulièrement importante dans le domaine de la gestion de dépôts consécutifs. En effet, le transit sédimentaire fluviatile a des impacts économiques non négligeables pour les gestionnaires des cours d'eau en imposant un entretien régulier de ces cours d'eau. Ce transit favorise, entre autres, l'exhaussement des lits, affectant ainsi directement le niveau de protection des digues, ou encore l'envasement des retenues, limitant une « gestion durable » de l'hydroélectricité. Les matières en suspension (MES) sont également un vecteur important du transfert de polluants vers les cours d'eau. Les contaminants d'origine agricole, urbaine ou industrielle, peuvent être fixés sur les sédiments puis sont acheminés vers le réseau hydrographique. Parmi les plus fréquemment observés sur les sédiments en suspension, on retrouve le phosphore, les pesticides, les polluants micro-organiques, les polychlorobiphényles (PCB) ou encore les éléments de traces métalliques (Walling *et al.*, 2001; Meybeck, 2001 ; Meybeck *et al.*, 2007). Par la suite, dans le cours d'eau, la sédimentation des MES favorise le stockage de ces polluants et rendent certains cours d'eau durablement pollués. Aujourd'hui, les PCB sont bien connus du grand public. Sur le Rhône et la Saône, en raison de leur présence, une interdiction progressive de pêcher du poisson a été mise en place depuis 2006. Cette interdiction a ensuite été élargie, en février 2007, à l'Ain, l'Isère, puis, en juin 2007, à l'Ardèche et à la Drôme. Depuis, l'Agence française de sécurité sanitaire des aliments (AFSSA) a rendu un nouvel avis qui permet une levée partielle de ces interdictions de pêche. Comprendre et évaluer les flux de MES permet aussi de mieux estimer les flux de pollution et de mieux évaluer les temps de rétention de ces polluants.

Pour des raisons pratiques évidentes lorsque l'on cherche à suivre une composante d'un milieu sur une durée longue, sur une année ou plus, il n'est pas envisageable de placer des capteurs ou d'effectuer des prélèvements en tous points. Mais à partir d'une unique mesure, est-il possible de connaître la concentration moyenne sur l'ensemble de la section mouillée de l'Isère ? Cette mesure peut-elle traduire l'ensemble des concentrations observables au sein de la section ? Est-il possible d'extrapoler ces valeurs ponctuelles à l'ensemble de la section ? Peut-on appréhender un milieu avec une mesure ponctuelle (voire plusieurs) sans connaître précisément le sens et la représentativité de cette observation ? Peut-on faire l'hypothèse implicite ou explicite -et systématique parfois- d'un milieu homogène ? Ces questions sont centrales pour un géographe, ou tout simplement dans la plupart des approches environnementales où les multiples composantes d'un milieu présentent systématiquement une variabilité spatiale, même, par exemple, à l'échelle réduite d'une section d'un cours. En effet, la détermination de la concentration moyenne de matière en suspension d'un cours d'eau, à partir d'un seul point de mesure, peut demeurer délicate, car les concentrations présentes sur une section transversale une variabilité spatiale parfois non négligeable. Ainsi, l'estimation des flux de MES à partir d'un nombre réduit d'échantillons, ou d'échantillons de surface, intègre toujours une grande incertitude (Pardé, 1942 ; Curtis *et al.*, 1979 ; Eisma, 1993). La connaissance précise des flux de MES nécessite, en toute rigueur, un jaugeage complet toujours difficile à mettre en place sur des cours d'eau importants. À cette opération délicate est substitué le plus souvent un prélèvement unique, jugé alors, et à tort, comme représentatif des concentrations dans la section. La quasi-totalité des études sur les matières en suspension utilise des mesures en point sans que la représentativité de la mesure soit vérifiée, voire même tout simplement évoquée. De 1998 à 2002, dix-sept jaugeages complets ont été effectués (Peiry, 1997 ; Veyrat, 1998 ; Girard, 2002 ; Dumas, 2004a). Les données acquises lors de ces opérations permettent, d'une part, de confronter les mesures ponctuelles aux concentrations moyennes réelles et, d'autre part, de proposer un modèle d'estimation des flux de MES. Ce dernier intègre les mesures effectuées en un point, mais aussi les gradients de turbidité estimés à partir de la dynamique hydrologique et hydrosédimentaire de l'Isère.

d - Températures caractéristiques pour l'ensemble des Alpes du Nord

La démarche est cette fois-ci inverse. Elle obéit à une réflexion commune et centrale de ce travail, qui est de caractériser un moment donné, généralement mensuellement et annuellement, un espace avec une information réduite, mais forte et significative. A partir de là, on peut ensuite suivre les modifications de cette information sur plusieurs décennies. Il ne s'agit plus ici d'extrapoler des mesures conduites ponctuellement, ou sur un espace restreint, à une zone beaucoup plus grande. Il s'agit de caractériser de manière synthétique les conditions d'un milieu complexe de par sa topographie, et dont la connaissance est rendue délicate paradoxalement par l'existence d'un grand nombre de séries d'observations. D'ailleurs, ces dernières ne montrent pas toujours des évolutions temporelles similaires. Il convient d'essayer d'identifier de ces informations une logique générale.

En effet, quelle que soit l'échelle de temps retenue, la connaissance des températures en milieu montagnard reste toujours délicate à appréhender sur un espace important. Dès lors, caractériser de manière synthétique l'évolution des températures sur une année, ou sur plusieurs décennies, en milieu de montagne, n'est pas simple. Des effets locaux, liés à la topographie et l'exposition, viennent perturber la répartition des températures. Localement, ces effets accentuent ou, à l'inverse, affaiblissent, les contrastes thermiques sur des lieux proches. Ces modulations sont, par ailleurs, variables au cours du temps et s'exercent différemment selon les périodes considérées. Des vallées très proches les unes des autres peuvent, par exemple, montrer des évolutions climatiques intra-annuelles, ou interannuelles, extrêmement différentes. Les études existantes sur les températures montrent bien la complexité de la relation entre la température et le relief (Harding, 1978 ; Douguedroit et Saintignon, 1981 et 1984 ; Paul, 1977 et 1997 ; Weber *et al.*, 1997 ; Beniston *et al.*, 1997 ; Böhm *et al.*, 2001 ; Beniston, 2006). Ces études soulignent que de nombreux facteurs locaux et orographiques peuvent expliquer des écarts dans les observations de température relevées par des stations météorologiques parfois peu éloignées les unes des autres : altitude, orientation, forme de la vallée, position en fond de vallée, sur le versant, etc. Néanmoins de tous ces paramètres, l'altitude de la mesure reste le principal facteur avec lequel les températures ont une relation très forte, plus encore au pas de temps mensuel ou annuel.

Aussi, afin de cerner l'évolution des températures minimales et maximales dans les Alpes du Nord, ce travail utilise deux indicateurs thermiques régionaux calculés, de 1960 à 2007, à partir d'une centaine de postes de mesure : un gradient thermique et une température réduite au niveau de la mer (Dumas et Rome, 2009). Le premier permet de suivre l'évolution des températures avec l'altitude à l'échelle mensuelle ou annuelle. Il montre notamment que les modifications des températures, depuis près de 50 ans, se sont bien opérées sur l'ensemble des tranches altitudinales. Le second indicateur permet d'évaluer les températures moyennes sur l'ensemble des Alpes du Nord, et d'approcher un peu mieux les changements climatiques opérés depuis 1960. L'examen de ces valeurs synthétiques permettra ensuite de dégager l'évolution des conditions thermiques au cours des dernières décennies et de mieux comprendre, voire de définir, les modifications climatiques s'opérant actuellement au sein des vallées alpines. Signalons que de nombreux indices et marqueurs environnementaux semblent corroborer, pour ces dernières années, une tendance au réchauffement : végétalisation des cônes d'éboulis (Messerli et Ives, 1999 ; Demangeot, 2003), modification des volumes englacés (Barry, 1990 ; Rebetez *et al.*, 1997 ; Maisch, 2000), diminution de la couverture nivale (Baeriswyl *et al.*, 1997 ; Delannoy, 2010).

CHAPITRE II
MÉTHODOLOGIES UTILISÉES

A - ESTIMATION DES PLUIES EN FORET DU MASSIF DE CHARTREUSE

Avec des altitudes s'échelonnant entre 300 m et plus de 2000 m, une altitude moyenne proche de 1060 m, le massif de la Grande Chartreuse reste un massif préalpin de faible étendue ; sa superficie est d'environ 400 km², et 42 km seulement séparent les cluses de Grenoble et de Chambéry (figure 3). Il est limité à l'est par la vallée du Grésivaudan, au sud et au nord, par les cluses de Grenoble et de Chambéry, et à l'ouest par les collines du Bas-Dauphiné.

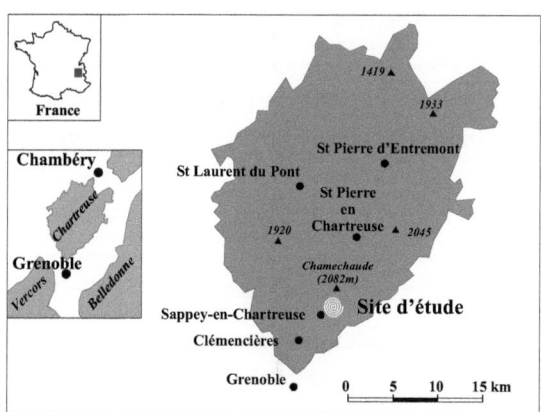

Figure 3. Localisation du massif de Chartreuse et de la zone expérimentale

Comme sur l'ensemble des massifs préalpins, le massif de Chartreuse se caractérise par une forêt fortement présente dans le paysage. Elle occupe près de 260 km², et couvre ainsi 65 % de sa superficie (IFN, 2006). L'étagement de la végétation est bien marqué, et se distingue principalement par une vaste série climacique, une hêtraie-sapinière, relayée, au-dessus de 1500 m, par une pessière (Tonnel et Ozenda, 1964 ; Richard et Pautou, 1962). Avec près de 66 % de la couverture arborée totale, la hêtraie-sapinière, où l'épicéa et le sapin se mêlent progressivement aux hêtres, est la plus présente sur l'ensemble du massif. Plus bas, la hêtraie « pure » y représente presque 10 % (Tonnel et Ozenda, 1964 ; Richard et Patou, 1982 ; IFN, 2006). Plus en altitude, la pessière, composée essentiellement de *Picea excelsa* et d'*Abies alba*, est la seconde série forestière du massif. Elle représente environ 33 % des espèces arborées de Chartreuse.

a - Le site expérimental

La parcelle du « Mont Flottey », de la forêt communale du Sappey-en-Chartreuse, a été retenue pour cette étude avec l'aide et les conseils de M. Remillier, agent de l'ONF (figure 4). D'une superficie de 1,63 ha et d'orientation S.-S.-E., elle se situe entre 1170 m et 1220 m d'altitude. Au sein de cette parcelle, la zone étudiée n'en couvre qu'une partie (1500 m²). Nous avons recherché les relations entre les caractéristiques de la couverture forestière de la parcelle et les pluies arrivant au sol. La densité de la formation arborée est de 170 tiges/ha pour les feuillus (pour un diamètre supérieur à 20 cm), et de 130 pieds/ha pour les résineux (Girard, 2003). Quoique étant légèrement inférieure, elle approche la densité arborée du massif, située en moyenne à 200 pieds/ha (communication orale de M. Remillier).

Le taux de couverture a été apprécié à partir de photographies prises au niveau du sol, à hauteur des pluviomètres, puis numérisées, afin d'évaluer le degré d'ouverture des formations arborées. Sur l'ensemble de la parcelle, en période estivale, la visibilité moyenne du ciel est de 15 % et passe à 24 % en hiver. Cependant, nous n'avons pas observé de relation simple entre la plus ou moins grande ouverture de la forêt et les pluies arrivant au sol. Tant par sa position altitudinale, proche de l'altitude moyenne du massif (1060 m), que par sa couverture forestière, qui associe les peuplements forestiers dominants du massif, cette parcelle est relativement représentative de la forêt chartroussine. En effet, la hêtraie-sapinière et la hêtraie couvrent respectivement 37 % et 18 % de la superficie de la parcelle, et la pessière 45 % (figure 5).

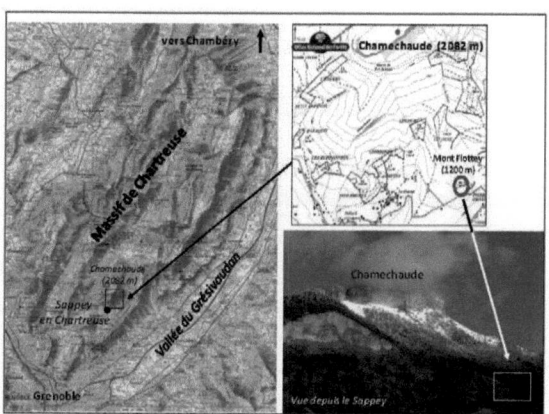

Figure 4. Contexte topographique du massif de Chartreuse et de la zone expérimentale (fond IGN)

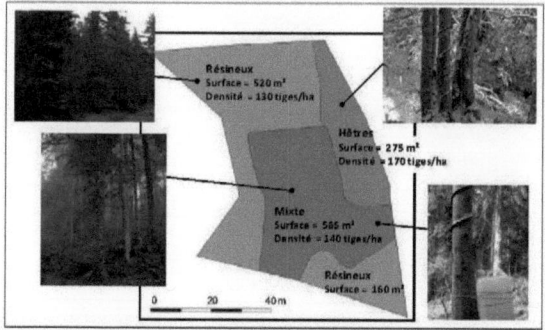

Figure 5. Les différentes formations arborées sur la parcelle d'étude

Dans le cadre de ce travail, un seul site a été retenu, afin d'obtenir un maillage de mesures relativement resserré, et d'obtenir ainsi des observations significatives. Néanmoins, il est certain qu'il aurait été souhaitable de multiplier les sites d'observation, afin de mieux appréhender la complexité et la diversité de ce milieu forestier, et les variations spatiales conséquentes de l'interception des précipitations.

b - Mesure de l'influence de la forêt sur les quantités d'eau arrivant au sol

Dans un milieu forestier, il est possible de décomposer les pluies parvenant sur un peuplement, pluies généralement définies à partir des relevés météorologiques classiques (figure 6). Ainsi, ces pluies incidentes (Pi) sont équivalentes à la somme, d'une part, des pluies parvenant plus ou moins directement au sol (Ps) et par des écoulements le long des troncs (Pt), et d'autre part, de la quantité d'eau retenue par l'interception (In).

Les pluies arrivant au niveau du sol (Ps) sont directement estimées à partir de mesures conduites à même le sol ; elles intègrent à la fois le processus d'égouttement, après rétention momentanée par les surfaces végétales, et les pluies parvenant directement au sol sans avoir été freinées par la végétation.

Décomposition d'une averse
Pi : pluies incidentes
In : interception
Pt : écoulement le long des troncs
Ps : pluies arrivant au sol

Figure 6. Cheminement des précipitations au contact d'une couverture arborée

Si les différents flux précipités (Pi, Pt et Ps) peuvent être appréciés directement à partir de mesures, il n'en est pas de même pour l'interception (In) qui doit être calculée par différence. L'interception est alors la différence entre les précipitations incidentes (Pi) et les précipitations traversant la canopée associées à celles ruisselant le long des troncs (Ps + Pt) :

$$In = Pi - (Ps + Pt)$$ *(valeurs en mm)*

Dans le cadre de cette étude, sur la cinquantaine de pluviomètres initialement installés, et après la destruction de certains d'entre eux, 44 ont été utilisés sur toutes les campagnes de mesures afin d'apprécier les précipitations incidentes, ruisselant le long de troncs, et arrivant au niveau du sol. Deux pluviomètres à lecture directe ont été installés en plein champ, à proximité immédiate de la zone expérimentale. En outre, deux pluviographes, installés dans la commune du Sappey-en-Chartreuse, et au col de Clémencières, permettent de compléter ces mesures, et de mieux définir les précipitations incidentes. L'évaluation des précipitations ruisselant le long des troncs a été conduite à partir de serpentins collecteurs installés sur deux hêtres, de différentes tailles, sur un épicéa et sur un sapin. La partie terminale du serpentin recueille les eaux dans un pluviomètre, accroché directement aux arbres, et dont le fond avait été préalablement découpé afin que les eaux soient recueillies dans un réservoir d'une contenance d'environ 10 litres. La mesure initiale porte sur un volume d'eau, qui est ensuite transformé en lame d'eau en le rapportant à la surface de la projection horizontale des cimes de l'arbre.

La recherche des quantités d'eau traversant la canopée et parvenant au sol a impliqué l'installation d'un grand nombre de pluviomètres (Bultot *et al.*, 1972 ; Aussenac, 1975 et 1981 ; Nizinski et Saugier, 1988 ; Gash *et al.*, 1995). Au total, sur l'ensemble des campagnes de mesures, 36 pluviomètres à lecture directe ont été utilisés. Ils ont été disposés au sol selon un quadrillage relativement constant dans les trois grandes formations arborées, à environ 5 m les uns des autres (figure 7). Ponctuellement, un maillage plus resserré a été mis en place autour de deux arbres témoins : sous un hêtre et sous un épicéa, alignés et disposés radialement à des distances de 60 cm à 1 m depuis le tronc. À partir de ces mesures ponctuelles, et afin de dégager des valeurs moyennes, une spatialisation des observations a été systématiquement conduite.

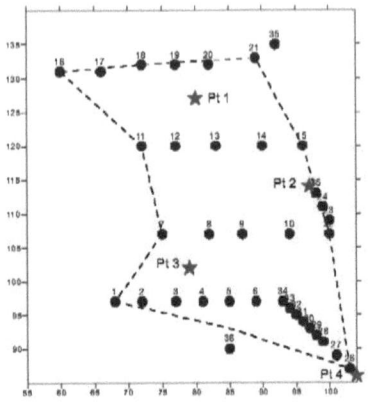

Figure 7. Répartition au sol des pluviomètres en forêt (n°1 à 36) et des quatre pluviomètres utilisés pour la mesure des précipitations ruisselant le long des troncs (Pt$_i$). Les deux pluviographes installés respectivement au Sappey-en-Chartreuse et à Clémencières, ainsi que les deux pluviomètres installés en plein champ ne sont pas indiqués.

c - Spatialisation des mesures ponctuelles

Les enregistrements obtenus à partir des 36 pluviomètres sont ponctuels. Afin de dégager des valeurs caractéristiques, il est nécessaire d'obtenir des valeurs issues d'une généralisation de ces mesures sur l'ensemble de la zone étudiée. Dans la mesure où le maillage des postes de mesure est relativement resserré, il limite le poids de l'algorithme d'interpolation sur les résultats finaux. Plusieurs algorithmes d'interpolation ont cependant été testés. En effet, malgré un maillage assez dense des postes de mesure, la répartition des points n'est pas totalement uniforme et pouvait biaiser les résultats. Les observations pluviométriques très rapprochées, qui constituent des « paquets », déforment les résultats en intervenant plus fortement dans la spatialisation que les mesures un peu plus isolées. La prise en compte du variogramme réduit les sources d'erreur et l'extrapolation est un peu plus robuste. En minimisant les résidus, un krigeage linéaire, avec un coefficient d'anisotropie déterminé à partir du calcul des variogrammes, était le plus adapté. (figure 8). Cette démarche est reconduite pour toutes les données collectées. Ainsi, pour chaque épisode pluvieux, et pour les trois formations arborées de la parcelle, des moyennes spatiales des précipitations (figure 9) parvenant au sol sont calculées (hêtraie-sapinière, hêtraie et pessière).

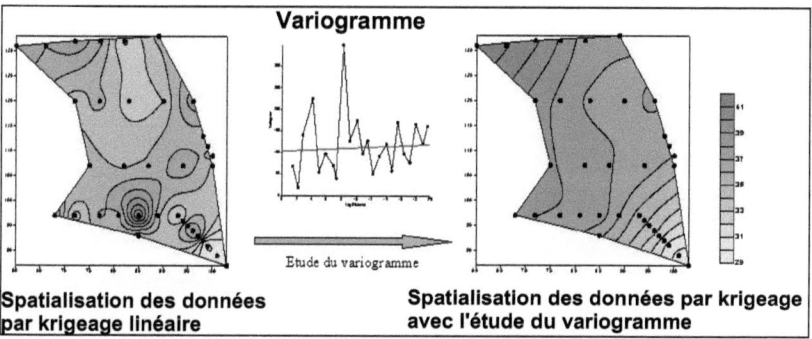

Figure 8. Spatialisation des données mesurées par krigeage omnidirectionnel et interpolation par krigeage paramétré à partir de l'étude du variogramme : exemple du 29 décembre 2002

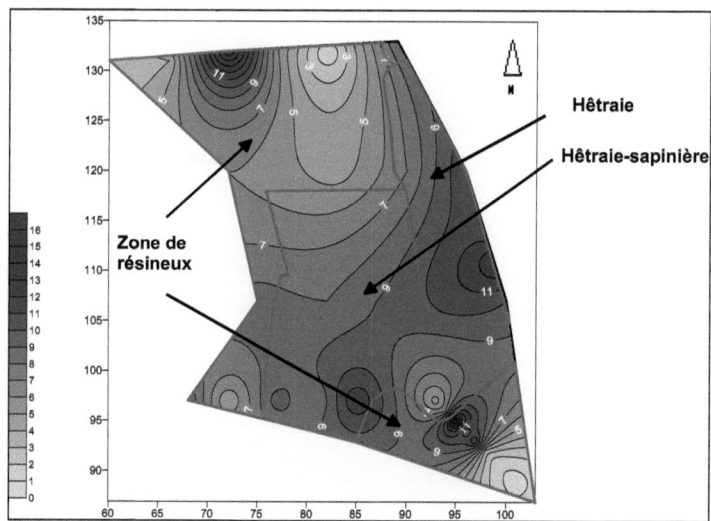

Figure 9. Cartographie des précipitations arrivant au sol (Ps en mm), exemple de l'épisode pluvieux du 14/12/2002
(Ps moy$_{sur\,l'ensemble\,de\,la\,parcelle}$ = 7,9 mm et Pi moy = 10,3 mm)

Au total, entre décembre 2002 et décembre 2004, ces mesures s'appuient sur 26 campagnes de mesures conduites après des journées pluvieuses. Par ailleurs, la répartition temporelle des mesures offre la possibilité d'évaluer non pas strictement des taux saisonniers, car les mesures n'ont pas été continues sur une année, mais des tendances saisonnières de l'interception (tableau 1).

Les mesures n'ont pas été effectuées lors des épisodes neigeux, trop peu nombreux en 2003, et au début de l'année 2004. Un dispositif adapté aurait été nécessaire pour définir l'interception de la neige dont les mécanismes sont certainement plus complexes à apprécier. La chute au sol de la neige accrochée aux arbres est très ponctuelle, elle s'effectue le plus souvent par paquets neigeux qui peuvent échapper aux mesures. Si les précipitations neigeuses n'ont pas été prises en compte, elles sont néanmoins relativement réduites par rapport aux précipitations liquides, à l'échelle du massif et à l'échelle d'une année. Le coefficient de nivosité (la part des précipitations solides sur les précipitations totales) avoisine 2 % en moyenne sur une année à 750 m (moyenne entre 2002 et 2006 à la station de Clémencières). Dans le cadre de ce travail, les estimations finales sont conduites à l'échelle annuelle, et ne nécessitent donc pas une connaissance de la variation saisonnière de l'interception des précipitations par les formations forestières. Ces tendances permettent en revanche de vérifier la bonne cohérence des valeurs annuelles moyennes issues d'observations non continues sur une année.

Les mesures n'ont pas non plus porté sur les précipitations dites occultes, liées aux brouillards (d'ailleurs peu fréquents sur l'ensemble du massif, sauf dans certaines vallées étroites), ou à la rosée. Cela pourrait amener une sous-estimation des pertes par interception. Le pluviographe de la station de Clémencières montre en effet, certains matins, que des précipitations de 0,1 à 0,3 mm sont directement liées à la condensation sur les parois de l'entonnoir. Ces mesures restent néanmoins insuffisantes pour apprécier le rôle et la part de ces précipitations occultes.

Tableau 1. *Les 26 campagnes de mesures retenues pour cette étude, et les principales valeurs calculées pour les différentes formations arborées de la parcelle d'étude*

		PI (mm)			Hêtraie-Sapinière			Hêtraie			Pessière		
Episodes pluvieux date des relevés		Clémencières	Sappey	Prairie (2 mesures)	Pt+Ps (mm)	In (mm)	In (%)	Pt+Ps (mm)	In (mm)	In (%)	Pt+Ps (mm)	In (mm)	In (%)
Période hivernale	01/12/2002	19,3	20,0	16,5	15,3	1,2	7%	14,3	2,2	13%	9,5	7,0	42%
	11/12/2002	13,5	14,8	18,6	14,7	3,9	21%	17,6	1,0	5%	13,4	5,2	28%
	14/12/2002	2,9	5,2	10,3	9,9	0,4	4%	9,6	0,7	7%	6,4	3,9	38%
	22/12/2002	15,9	16,9	14,0	11,5	2,5	18%	12,0	2,0	14%	6,3	7,7	55%
	*29/12/2002	33,6	32,8	44,5	39,5	5,0	11%	39,5	5,0	11%	37,3	7,2	16%
	31/03/2003	17,3	15,0	21,0	20,1	0,9	4%	20,7	0,3	2%	11,3	9,7	46%
	02/04/2003	30,2	31,1	29,3	26,5	2,8	10%	28,9	0,4	1%	18,1	11,2	38%
	19/04/2003	3,9	1,6	2,3	1,0	1,3	57%	1,2	1,0	46%	0,4	1,8	81%
	26/04/2003	11,5	10,0	10,8	9,8	1,0	9%	10,3	0,5	4%	5,4	5,4	50%
	13/10/2003	5,7	12,0	16,0	14,6	1,4	9%	13,7	2,3	15%	1,7	2,5	16%
	*21/10/2003	23,7	34,0	40,2	35,1	5,1	13%	39,3	0,9	2%	29,2	10,9	27%
	13/11/2003	25,1	31,0	34,5	29,9	4,6	13%	30,1	4,4	13%	26,8	7,7	22%
	18/11/2003	7,6	2,0	8,8	6,6	2,2	26%	7,7	1,1	12%	5,9	2,9	33%
	26/11/2003	2,2	3,2	4,0	2,7	1,3	33%	3,0	1,1	26%	1,6	2,4	60%
Période estivale	30/04/2003	15,6	17,5	21,0	20,0	1,0	5%	17,1	3,9	19%	15,4	5,6	27%
	02/05/2003	1,1	7,0	7,5	6,9	0,6	8%	4,7	2,8	37%	4,8	2,7	36%
	11/05/2003	5,7	6,4	7,3	6,7	0,6	8%	4,3	3,0	41%	4,0	3,3	45%
	18/05/2003	1,0	1,8	2,3	0,5	1,8	79%	0,3	2,0	87%	0,3	1,9	85%
	20/05/2003	12,2	17,0	19,3	17,4	1,9	10%	16,4	2,9	15%	13,3	5,9	31%
	21/05/2003	3,5	12,0	21,0	19,4	1,6	8%	18,0	3,0	14%	14,2	6,8	32%
	25/05/2003	4,0	4,8	4,8	4,1	0,7	14%	2,7	2,0	43%	2,8	2,0	42%
	09/09/2003	40,0	34,0	29,9	25,0	4,9	17%	24,4	5,5	19%	22,5	7,4	25%
	12/09/2003	0,9	3,6	5,5	4,4	1,1	19%	2,4	3,1	56%	2,7	2,8	51%

d - Connaissance des précipitations sur l'ensemble du massif depuis 1850

Afin d'évaluer le rôle de l'interception des pluies à l'échelle du massif, il est maintenant nécessaire d'apprécier les pluies incidentes sur l'ensemble de cet espace, et de reconstituer leur fluctuation depuis le XIXème siècle. Dans les Alpes du Nord, le massif de la Chartreuse est une zone à fortes précipitations. Cette forte pluviosité observée est liée à la position externe du massif de la Chartreuse, qui en fait un véritable rempart opposé aux vents humides d'ouest. Depuis le milieu du XIXème siècle, il est possible de suivre les précipitations dans la région grenobloise à partir de plusieurs séries pluviométriques longues. Afin d'estimer au mieux les quantités d'eau précipitées sur plus d'un siècle, cinq stations météorologiques, situées à proximité, voire à l'intérieur du massif de la Chartreuse, et possédant des données sur une période suffisamment longue, ont été retenues (tableau 2).

Tableau 2. Localisation des stations pluviométriques utilisées

Station	Longitude	Latitude	Altitude	Période d'observation
Grenoble	5°47'	45°10'	210 m	1847 - 1953 / 1970 - 2000
St Genis-Laval	4°47'	45°42'	290 m	1881 - 1972
St Laurent du Pont	5°44'	45°23'	415 m	1907 - 2000
St Pierre d'Entremont	5°52'	45°25'	644 m	1920 - 1991
St Pierre de Chartreuse	5°49'	45°20'	945 m	1921 - 2000

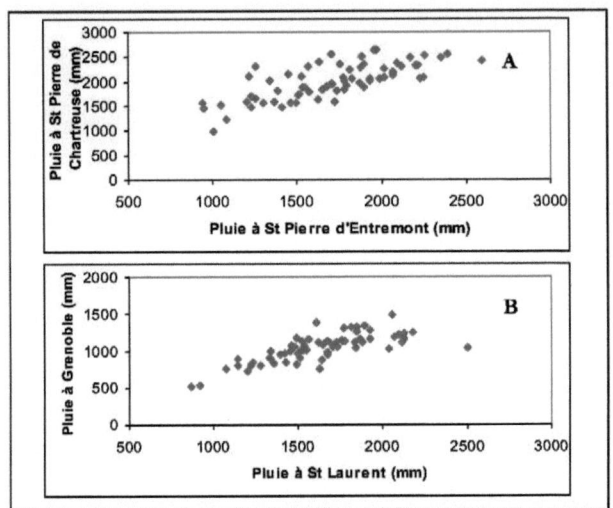

Figure 10. Relation entre les pluies annuelles (1845-2000) relevées entre :
A - St-Pierre de Chartreuse et St Pierre d'Entremont
B - à Grenoble et St Laurent

La station de Grenoble, bien que située à l'extérieur du massif, permet d'évaluer les précipitations à la base du massif. Les données ont été critiquées statistiquement, et les lacunes comblées afin d'obtenir des valeurs sur l'ensemble de la période 1845-2000 (Dumas, 2004). La station de St-Genis Laval a été utilisée uniquement pour la reconstitution des données lacunaires. Cette reconstitution, conduite au pas de temps annuel, a été rendue plus facile par la bonne corrélation entre les valeurs (figure 10). Sur la période 1845-2000, les valeurs annuelles ajoutées ne modifient que faiblement les moyennes calculées avec les séries initiales (tableau 3).

Tableau 3. Pluviosité annuelle sur le massif de la Chartreuse (en mm)

		Grenoble	St Laurent du Pont	St Pierre d'Entremont	St Pierre en Chartreuse
Séries lacunaires	Nb d'années	133	90	71	79
	Moyenne (1845-1999)	983	1615	1713	2027
	Max	1487	2503	2595	2689
	Min	522	869	939	979
	Ecart-type	194	310	369	354
Séries comblées (155 années)	Moyenne (1845-1999)	981	1488	1699	1995
	XXème siècle	1005	1581	1739	2043
	Max	1487	2503	2595	3014
	Min	531	623	939	979
	Ecart-type	1487	2503	2595	3014

Ces quatre séries permettent de suivre sur plus d'un siècle les fluctuations annuelles de la pluviométrie sur le massif de Chartreuse. En toute rigueur, l'estimation de la pluie moyenne annuelle sur le massif nécessiterait de connaître pour chaque année la répartition des précipitations sur le massif. Mais, même à l'échelle annuelle, il reste toujours délicat de cartographier avec précision les précipitations dans des zones montagneuses où généralement le réseau de mesure climatologique est insuffisant voire totalement absent. Lorsque l'on souhaite suivre les pluies sur une période longue, le nombre de postes se raréfie encore davantage. La répartition spatiale des pluies dans ces zones accidentées obéit à des lois difficilement déchiffrables dans le détail, qui se traduisent par une forte variabilité des quantités d'eau reçues sur des espaces rapprochés (gradients altitudinaux et longitudinaux élevés). Il est maintenant bien connu des climatologues que les précipitations ne sont pas ubiquistes et que leur décroissance altitudinale n'est pas strictement homogène dans l'espace (Humbert et Paul, 1982).

Aussi, afin d'établir la répartition des champs pluviométriques annuels sur le massif, il était possible d'utiliser une méthode d'interpolation (*modèle PLUVIA*) mise au point et développée par J. Humbert et N. Mahr (Humbert, 1993 et 1995 ; Mahr et Humbert, 1997). Son principe repose sur la corrélation des précipitations mesurées, aux différentes stations climatiques, avec le relief entourant ces points de mesure. Le modèle PLUVIA permet de calculer un jeu de paramètres orientés quantifiant la masse montagneuse qui ceinture les stations. On observe alors que les précipitations sont commandées par la masse montagneuse et son orientation, ainsi que par la rugosité du paysage entourant les stations pluviométriques. Cependant, dans le cadre de cette étude, la connaissance précise des champs pluviométriques n'est pas au cœur de la démarche. Elle pourra naturellement par la suite être appréciée plus précisément en confrontant des spatialisations issues d'observations sur une période plus courte, et utilisant le modèle PLUVIA, avec les réanalyses pluviométriques SAFRAN (Sauquet, 2006 ; Durand *et al.*, 2009) ou encore avec les réanalyses NCEP/NCAR (données du National Oceanic and Amtmospheric Administration - NOAA).

L'objectif reste d'identifier l'évolution de la pluviométrie annuelle sur plus d'un siècle, et non pas d'évaluer strictement les intensités pluviométriques. Cette démarche, où des modifications et éventuellement des tendances sont recherchées, implique nécessairement de pouvoir comparer les valeurs annuelles les unes aux autres sur plus d'un siècle. Elle suppose donc sur un plan méthodologique de pouvoir conserver tout au long de la période étudiée des valeurs homogènes, et obtenues selon une méthodologie identique. Aussi, la détermination des pluies moyennes a été conduite à partir de la reconnaissance d'un gradient. Ce gradient permet ensuite d'appliquer d'une manière analogue à chaque année une extrapolation commune des mesures pluviométriques observées. De nombreuses régionalisations des précipitations annuelles s'appuient sur une hypothèse de relation linéaire entre l'augmentation des pluies et celle de l'altitude (Castellani, 1986). Au pas de temps mensuel ou annuel, l'appréhension des pluies à une altitude donnée est fréquemment conduite à partir du gradient pluviométrique local. Utiliser des gradients, c'est implicitement intégrer une relation linéaire entre les pluies et l'altitude. En montagne, la variabilité spatiale des précipitations est forte, aussi l'estimation des pluies peut être améliorée en dissociant les versants au vent et les versants sous le vent. Cependant, cette asymétrie s'exprime généralement à partir d'un pas de temps mensuel, les moyennes annuelles lissent et estompent l'anisotropie locale des pluies.

La reconnaissance des gradients pluviométriques avec l'altitude, à partir de quatre postes de mesure, permet ainsi une première détermination du rôle de la forêt dans l'interception des pluies à l'échelle du massif, et de décrire son évolution sur plus d'un siècle. Il est à noter que la prise en compte d'un plus grand nombre de stations pluviométriques, dont les séries sont malheureusement plus courtes, engendrerait sur l'extrapolation des pluies en altitude des aberrations similaires, puisque Saint-Pierre-en-Chartreuse est la station pluviométrique la plus haute du massif. Pour cette raison, elle conditionne toujours très fortement les relations des pluies avec l'altitude, même si des observations complémentaires sont introduites.

L'analyse des données enregistrées, sur la tranche altitudinale allant de 200 m à presque 1000 m, donne un gradient pluviométrique annuel moyen de 131 mm pour 100 m d'élévation (tableau 4). S'il est intéressant de connaître ce taux de croissance des précipitations, il faut en revanche l'utiliser avec précaution dans les zones sommitales, et ce malgré un coefficient de corrélation qui pourrait faire illusion (r^2 = 0,92).

Tableau 4. Précipitations annuelles moyennes relevées à quatre stations, puis estimées à trois niveaux altitudinaux (données Météo-France)
*$*P=1,31\ Z + 867,45\ (r^2=0,92)$ ** $P=84,31\ Z^{0,465}\ (r^2=0,97)$ *** $P=546,3\ ln(Z) - 1819,7\ (r^2=0,91)$*

	Z (m)	Fonction d'extrapolation		
		Linéaire *	Puissance **	Logarithmique ***
Grenoble	210	1143	1015	1101
St Laurent du Pont	415	1412	1394	1474
St Pierre d'Entremont	644	1713	1710	1714
St Pierre en Chartreuse	945	2108	2045	1923
Gradient pluviométrique moyen (mm/100 m)		131	105	69
Estimation des précipitations :				
- à la base du massif	200	1130	993	1075
- à l'altitude moyenne	1065	2265	2162	1988
- dans la zone sommitale	2000	3493	2898	2333

En effet, une application stricte de cette relation donnerait des précipitations annuelles moyennes totalement improbables, de près de 3500 mm à 2000 m d'altitude (tableau 4). Certaines années, cette quantité d'eau peut parfois être observée ponctuellement dans les zones sommitales, elle reste en moyenne plus proche de 2300-2500 mm par an (Dobremez, 2001 ; Arques, 2005). Les cartes des précipitations annuelles éditées par Météo France, montrent des valeurs proches de 2000 mm pour les zones sommitales du massif.

En Chartreuse, la relation logarithmique (tableau 4) semble donc la plus réaliste pour évaluer les précipitations à une altitude (Z en m) donnée. La relation retenue est la suivante (équation 1) :

$$P \text{ (mm/an)} = 546{,}3 \ln(Z) - 1819{,}7 \quad r^2 = 0{,}91$$

équation 1

Le gradient moyen est alors de 69 mm pour 100 m d'élévation. Cette valeur rejoint les gradients annuels déterminés dans les Alpes par Blavoux (1966), Benedetti- Crouzet (1972), Nicoud (1973), Haubert (1975) et Lepiller (1980) (tableau 5). A partir de cette équation 1, les précipitations annuelles moyennes susceptibles d'être observées à une altitude donnée peuvent être estimées.

Tableau 5. Comparaison de différents gradients pluviométriques de massifs alpins

Auteur	Lieux	Gradient vertical
Haubert 1975	Chablais	61 mm / 100 m
Nicoud 1973	Bauges	85 mm / 100 m
Benedetti-Crouzet 1972	région d'Annecy	70 mm / 100 m
Blavoux 1966	Chablais	65 mm / 100 m

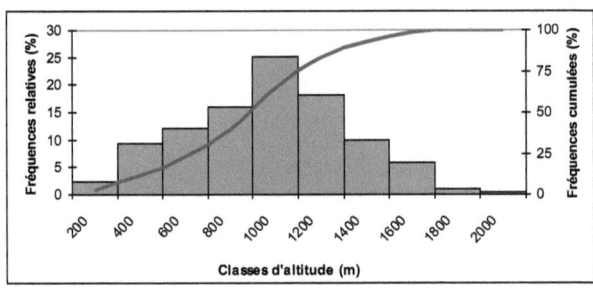

Figure 11. Courbe hypsométrique du massif de la Chartreuse et histogramme des fréquences relatives des altitudes (Dumas, 2004c)

La précision des valeurs reste naturellement assez réduite, mais largement suffisante pour dégager une estimation de l'influence de la forêt sur les précipitations incidentes. Afin de dégager des précipitations représentatives pour le massif, et en utilisant les quatre séries pluviométriques, les précipitations sont estimées pour l'altitude médiane du massif. La courbe hypsométrique établie pour le massif de la Chartreuse permet d'obtenir directement l'altitude médiane, placée à 1065 m (figure 11). Dès lors, l'équation 1 permet de corriger les pluies enregistrées aux quatre stations en rapportant toutes les observations annuelles à l'altitude de 1065 m (figure 12). Pour chaque année, les relevés des stations de Grenoble, St Laurent du Pont, St Pierre d'Entremont et St Pierre en Chartreuse sont corrigés en tenant compte de la différence pluviométrique entre les pluies observées à la station et les pluies de cette station ramenées à 1065 m (tableau 6).

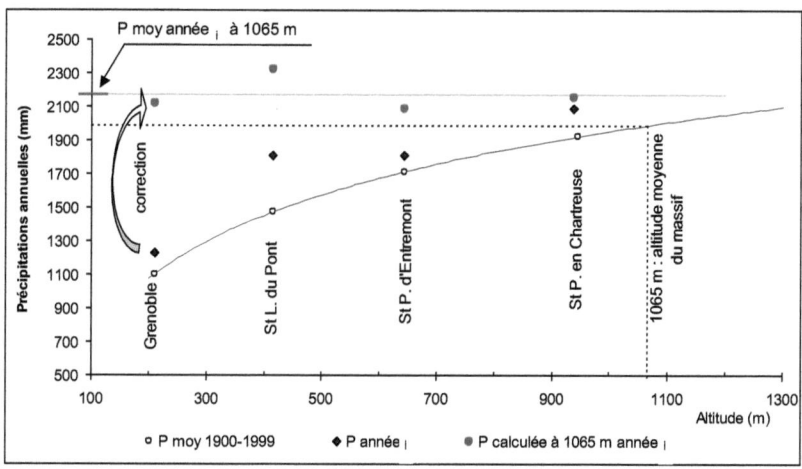

Figure 12. Pluies mesurées aux différentes stations pour une année$_i$ et correction à l'altitude médiane

Pour définir les pluies moyennes d'une année à l'échelle de l'ensemble du massif, on calcule ensuite la moyenne issue des enregistrements des quatre stations ainsi corrigées. En intégrant de la sorte les quatre enregistrements, une nouvelle chronique pluviométrique annuelle, représentative des précipitations moyennes reçues sur l'ensemble du massif, est ainsi établie (figure 13). Les précipitations moyennes sur l'ensemble de la période 1845-1999, sont de 1975 mm, et ne présentent pas une tendance significative.

Tableau 6. Pluies moyennes observées à l'altitude de la station et pluies calculées à 1065 m : période 1845-2000, valeurs en mm

	Z (m)	P moy à la station	Pcalculée à 1065 m
Grenoble	210	981	2067
St Laurent du Pont	415	1488	2109
St Pierre d'Entremont	644	1699	2030
St Pierre en Chartreuse	945	1995	2073
Estimation des précipitations à l'altitude 1065 m			**2070**

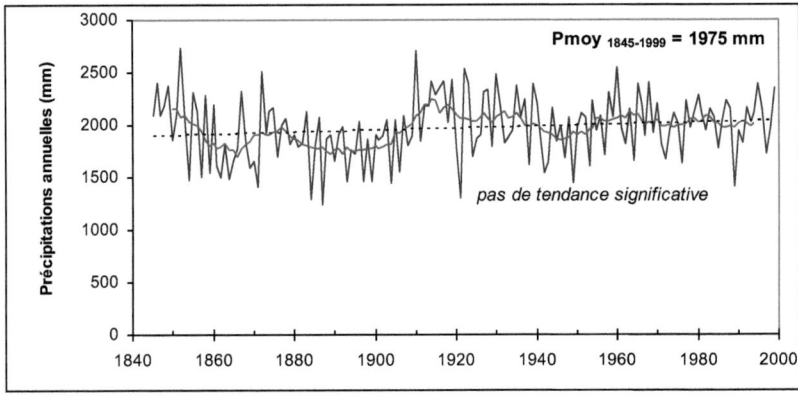

Figure 13. Evolution des précipitations annuelles moyennes du massif. Il s'agit des précipitations à 1065 m d'altitude, calculées à partir des valeurs corrigées des quatre stations retenues. La courbe rouge montre la moyenne mobile calculée sur 11 années.

B - LE LAC LAUVITEL
UNE SENTINELLE ENVIRONNEMENTALE POUR LES ALPES

Dans le cadre d'une convention avec le Parc National des Ecrins, l'installation d'un ensemble de capteurs hydroclimatiques autour du lac, depuis 2005, vise une meilleure compréhension du fonctionnement de ce plan d'eau et de son écosystème. Les premiers travaux amorcés permettent déjà de dégager plusieurs éléments de connaissance, qu'il faudra préciser ces prochaines années pour véritablement cerner la dynamique de ce lac.

Le lac du Lauvitel est situé à 1500 m d'altitude dans le Parc National des Ecrins (figure 14). Il présente, avec un marnage annuel moyen de plus de 20 m, une fluctuation annuelle exceptionnelle du niveau de son plan d'eau à l'échelle de l'ensemble des Alpes.

Figure 14. Situation géographique du lac Lauvitel par rapport au Parc National des Ecrins

a - Connaissance morphométrique du lac

La profondeur du lac a été mesurée en utilisant un échosondeur couplé à un GPS. Sur plusieurs transects, et sur près de 700 points, la topographie du fond lacustre a été relevée (photo 1). Lorsque le lac est au plus haut (la carte de la figure 15 présente les profondeurs du plan d'eau), la profondeur maximale est alors d'environ 65 m. La construction d'un modèle numérique de terrain, issu de cette bathymétrie, permet de calculer précisément la surface (S) et le volume du remplissage (V) atteint à une cote altimétrique donnée du plan d'eau (Z).

Photo 1. *Montée du matériel pour la bathymétrie*

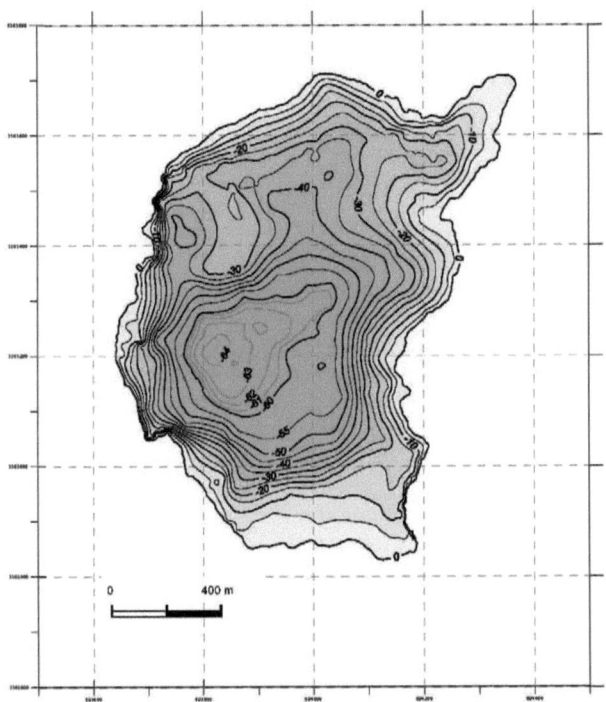

Figure 15. *Profondeurs du lac pour la cote maximale enregistrée depuis 2005 : 1501,53 m (données : Dumas, 2008)*

b - Connaissance des précipitations sur l'ensemble du bassin

Les précipitations en milieu montagnard sont toujours complexes à définir. Les modèles sont toujours délicats à utiliser dans les zones montagneuses où les quantités d'eau reçues peuvent varier d'une manière importante en l'espace d'une dizaine de mètres. A partir de la station météo du Lauvitel, il n'est donc pas forcément simple de caractériser les précipitations sur l'ensemble du bassin. Nous avons cherché à proposer une estimation des précipitations sur le bassin du Lauvitel à une échelle fine (au pas de 50 m). Pour cela, le modèle PLUVIA, déjà utilisé en Iran, a été adapté, et utilisé dans le cadre du mémoire de master de Cyril Valois (2010).

En 2009, nous avons installé un réseau de 14 pluviomètres dans le vallon du Lauvitel. Les pluviomètres devaient pouvoir mieux prendre en compte les caractéristiques d'exposition, d'altitude et de rugosité. Les pluviomètres s'échelonnent ainsi entre 987 mètres d'altitude, au hameau de la Danchère, et 2505 mètres d'altitude, non loin de la Brèche du Périer. Relever ces pluviomètres nécessite deux bonnes journées de terrain. Pour éliminer l'évaporation des précipitations recueillies entre deux relevés, une huile de paraffine est systématiquement versée dans les pluviomètres. Au total, 11 épisodes pluvieux s'échelonnant du 18 juin au 27 octobre 2009 ont été renseignés. Afin d'établir de façon optimale la répartition des champs pluviométriques de ces 11 épisodes pluvieux (figure 16), nous avons utilisé une méthode d'interpolation des données, le modèle PLUVIA, mis au point et développé par Joël Humbert au C.E.R.E.G de Strasbourg (Mahr et Humbert 1997 et 2000 ; Drogue et *al.*, 2002 ; Meddi et *al.*, 2007).

Le principe du modèle repose sur la corrélation entre les précipitations, relevées à partir des pluviomètres, et un grand nombre de paramètres topographiques (Scherer, 1977 ; Humbert et Paul, 1982). L'idée de base consiste à expliquer les pluies sur un secteur donné par les masses montagneuses qui l'entoure. Ce modèle se caractérise de plus par une paramétrisation directionnelle du relief entourant les pluviomètres. Chaque période, ou phase pluvieuse étudiée, se résume à une régression multiple comportant les indices morphométriques les plus pertinents. L'application de cette équation aux nœuds d'une grille de calcul permet l'obtention d'une carte pluviométrique corrigée ensuite par une spatialisation des résidus.

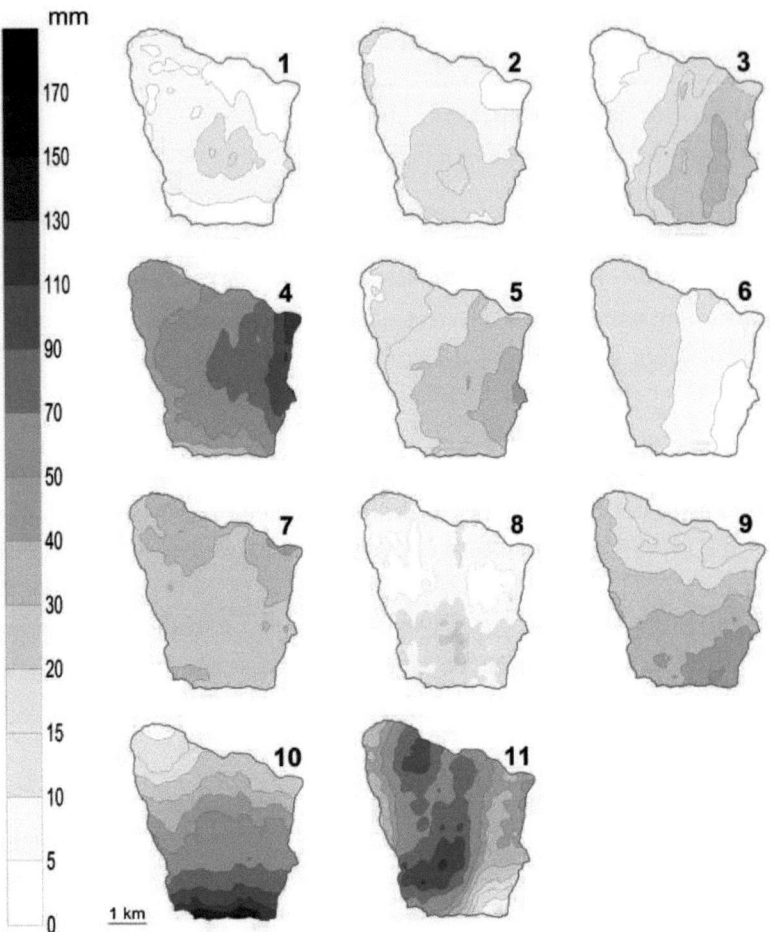

Figure 16. Cartes des précipitations, sur le bassin du Lauvitel, obtenues avec PLUVIA pour 11 épisodes pluvieux observés en 2009 : 1- 23 juin ; 2- 2 juillet ; 3- 10 juillet ; 4- 22 juillet ; 5- 6 août ; 6- 12 août ; 7- 28 août ; 8- 6 septembre ; 9- 25 septembre ; 10- 18 octobre ; 11- 27 octobre (Valois, 2010)

A partir des cartes obtenues, il est possible de mieux cerner la répartition des précipitations sur l'ensemble du bassin, et de calculer les précipitations moyennes reçues sur le bassin lors de ces 11 épisodes pluvieux. Il est ainsi possible de regarder le lien entre les pluies de bassin calculées avec PLUVIA et les pluies simultanément enregistrées à la station météorologique du Lauvitel. La figure 17 illustre cette relation. Les précipitations enregistrées en continu à la station météorologique doivent donc être augmentées d'environ 20% (pente de la droite de régression égale à 1,198) pour être représentatives des pluies de bassin. Lorsque la station enregistre 100 mm de pluie, on peut penser que les pluies reçues sur l'ensemble du bassin sont de 120 mm.

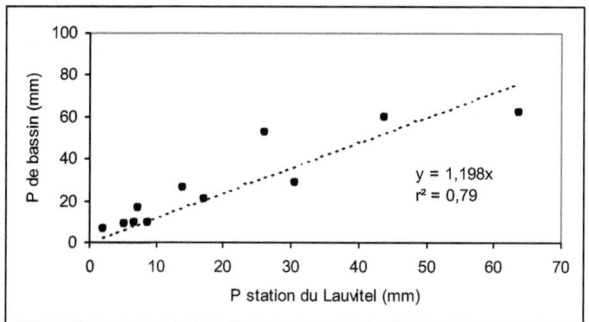

Figure 17. Relation entre les pluies de bassin (mm), calculées à partir des cartes obtenues avec PLUVIA, et les pluies enregistrées simultanément à la station météo du Lauvitel (mm)

c - Connaissance du stock nival et de la fusion nivale

La connaissance des entrées d'eau dans le lac implique également d'estimer la rétention nivale et la fusion du manteau neigeux. Cette détermination est d'autant plus importante que les eaux de fonte du bassin du Lauvitel constituent la principale source d'eau pour le lac. Les précipitations liquides reçues directement sur le plan d'eau ont un rôle peu marqué. De nombreux facteurs gouvernent l'évolution temporelle et spatiale du manteau neigeux. Il existe d'ailleurs un grand nombre de méthodes et de modèles permettant d'estimer les débits résultant de sa fonte. Il a été retenu d'utiliser la méthode « degré-jour ». Les approches empiriques de type « degré-jour » permettent une estimation souvent aussi bonne que des approches plus complexes (Ohmura, 2001 ; Hingray et al., 2009). Les méthodes plus « physiques » impliquent de pouvoir estimer les différents termes du bilan énergétique du manteau neigeux qui restent toujours délicats à mesurer, et plus encore à les spatialiser. La méthode de type « degré-jour » calcule la hauteur de fonte et le stock neigeux en fonction de la température de l'air. La fusion s'opère en fonction du nombre de degrés au-dessus d'une température seuil pendant un jour. Le principe de base de la méthode degré-jour peut s'écrire sous la forme suivante :

$$\text{Lame d'eau de fonte (mm)} = K_f (T - T_{ref})$$

Kf   coefficient degré-jour (mm/°C/jour)
T   température journalière moyenne de l'air à l'altitude considérée (°C)
T_{ref} température de fusion (°C)

Le coefficient de fusion nivale (Kf) est généralement compris entre 2 et 6 mm/°C/jour (Hock, 2003). Il peut varier dans le temps et dans l'espace. Il a tendance à augmenter avec la densification du manteau neigeux, il peut même atteindre 8 mm/°C/jour pour de la glace. Il peut être calé à partir d'une connaissance du manteau neigeux, si sa densité est bien connue. Sur le site de la station, à différentes dates, nous avons effectué plusieurs mesures de la densité de la neige avec lesquelles nous avons pu déterminer sa valeur. Pour chaque tranche altitudinale, la température de l'air peut être appréciée à partir de gradients journaliers moyens (figure 18). Ces gradients ont été estimés par l'EDF (Gautheron et al., 2009). Dans différents travaux antérieurs, ils avaient également été calculés (Dumas et Antunes, 2003 ; Dumas et Rome, 2009 ; Dumas, 2013). Dans ces travaux, les gradients ont été calculés à partir d'une centaine de postes de mesure situés dans les Alpes, sur la période 1960-2007. Aussi, ils apparaissent plus robustes que ceux proposés actuellement par l'EDF.

Avec la méthode « degré-jour », et à partir de ces différents paramètres, il est possible de suivre assez précisément le manteau neigeux sur l'ensemble du bassin. Le coefficient Kf a été calé à partir des mesures continues de la hauteur de neige à la station météorologique, et d'une densité moyenne de la neige de 330 kg.m^{-3} (figures 19 et 20).

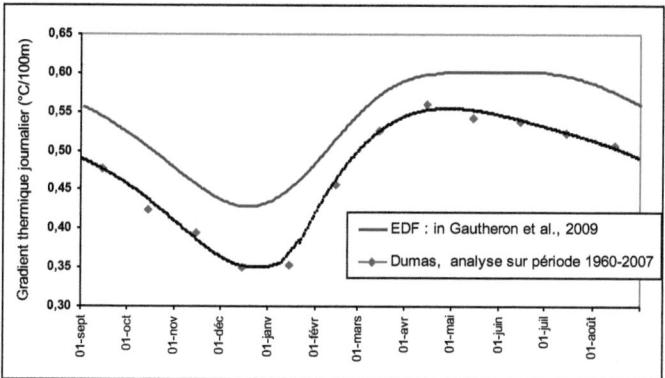

Figure 18. Evolution journalière des gradients des températures moyennes dans les Alpes

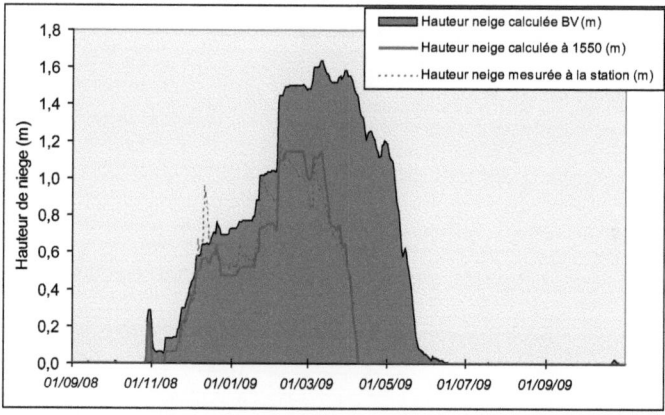

Figure 19. Évolution journalière du manteau neigeux à la station météo du lac Lauvitel : mesure et modèle « degré-jour ». Reconstitution du manteau neigeux à 1550 m et pour l'ensemble du bassin versant (exemple avec la saison hivernale 2008-2009)

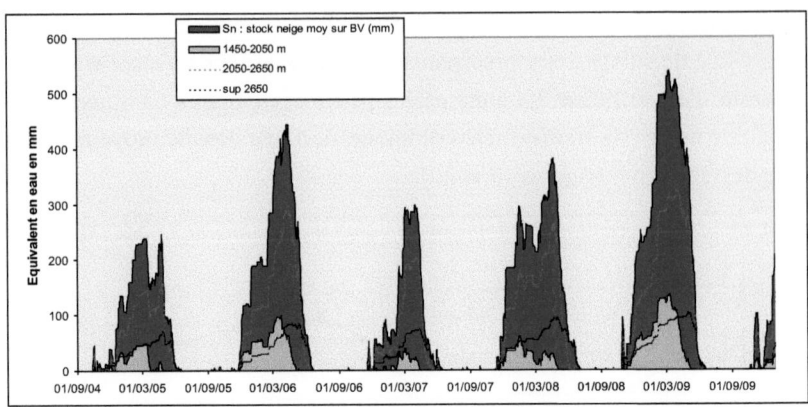

Figure 20. Reconstitution à partir du modèle « degré-jour » du stock neigeux par bande d'altitude en équivalent en eau (mm) pour l'ensemble du bassin versant du Lauvitel, et pour trois tranches altitudinales différentes (septembre 2004 à octobre 2009)

Dès lors, à partir des précipitations de bassin et des températures, il est possible de connaître pour chaque jour la lame d'eau disponible pour l'écoulement. Cette lame d'eau est soit directement consécutive d'une fusion nivale, soit liée à des précipitations, associée ou non à de la fusion. Il est donc possible de mieux cerner la dynamique hydrologique du lac, de mieux comprendre ses fluctuations mensuelles, et de mettre en relation cette dynamique avec les pluies et les températures du site.

C - L'ISERE ET LA CONNAISSANCE DE SON TRANSPORT SOLIDE

Le bassin de l'Isère moyenne et supérieure (5570 km²) est situé dans les Alpes du Nord (figure 21). Il s'inscrit dans les chaînes intra-alpines, en intégrant les massifs de la Vanoise, du Beaufortin, de Belledonne et reçoit des affluents torrentiels qui descendent du rebord oriental des Préalpes du Nord (massifs des Aravis, des Bauges et de la Chartreuse). Le module hydrologique de l'Isère est de 183 m³.s⁻¹ au centre ville de Grenoble (moyenne de 1960 à 2005). Son régime nivo-pluvial, avec de hautes eaux de mai à juillet, traduit le caractère montagneux de son bassin dont plus de 70 % sont situés au-dessus de 1 000 m et 17 % au-dessus de 2 500 m d'altitude.

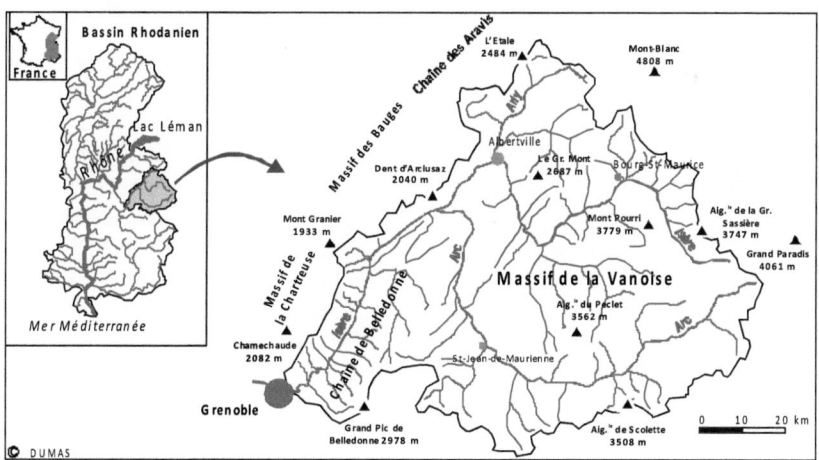

Figure 21. Localisation et carte du bassin versant de l'Isère à Grenoble

On évalue l'étiage moyen à 70 m³.s⁻¹. Généralement (Banque Hydro), on estime que la crue décennale se situe à 760 m³.s⁻¹, à près de 1000 m³.s⁻¹ pour la crue cinquantennale, et à plus de 1600 m³ s⁻¹ pour la crue centennale ; ces valeurs pouvant être un peu plus élevées selon d'autres études (Vivian, 1969 ; Allain Jegou, 2002). Au cours du siècle dernier, l'Isère est restée relativement calme, puisque les plus puissantes crues observées ont à peine dépassé la moitié du débit maximal de 2000 m^3.s^{-1} de la dernière grande crue de 1859 (Dumas, 2004b). Sur plus de 150 ans, les dernières grandes crues de l'Isère sont assez bien connues et renseignées, notamment à partir d'observations limnimétriques effectuées au quai Perrière de Grenoble (Dumas, 2004b).

Il ne faudrait pas néanmoins surestimer cette connaissance qui reste sur bien des points encore très incomplète. Les débits quotidiens sont en revanche observés depuis moins longtemps ; depuis 1993, à la station hydrologique du campus (photo 2 : station EDF-ENSHMG), et depuis 1960, à la station située au centre ville (station DIREN *W141.010*).

Photo 2. Situation de la station hydrologique du campus par rapport au tracé de l'Isère (source IGN – Géoportail)

a - **Le dispositif expérimental**

Afin d'apprécier les flux de matière en suspension et en solution de l'Isère à Grenoble, des prélèvements systématiques en rive gauche ont été effectués. Depuis 1994, des prélèvements réguliers effectués sur l'Isère à Grenoble permettent de suivre les variations de la matière en suspension (MES) et de la matière dissoute totale (MDT) en un point de la section. Ces mesures systématiques sont effectuées par l'intermédiaire de deux capteurs infrarouges (turbidimètres) et d'un préleveur automatique fixé sur la berge.

La station hydrologie du campus universitaire de Grenoble (EDF-INPG-LTHE) est équipée d'une traille téléphérique permettant d'effectuer régulièrement des jaugeages et d'établir, avec une grande précision, la relation statistique hauteur-débit. Associé à ces mesures, un équipement pour l'étude des flux de matière dissoute totale (MDT) et de matière en suspension (MES) a été installé progressivement depuis 1994 (Peiry, 1997). Un préleveur automatique permet d'analyser des échantillons d'eau (500 mL) sur lesquels sont mesurées les concentrations en MES et MDT, obtenues respectivement par filtration-pesée (membranes de 0,45 mm) et indirectement avec une mesure de la conductivité de l'eau. La concentration des matières dissoutes est ensuite appréciée par le biais de coefficients dont la valeur est liée aux gammes de mesure de la conductivité (Rodier, 1996).

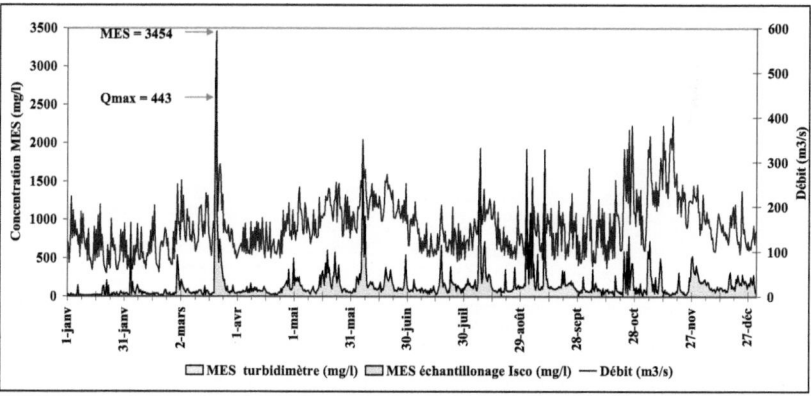

Figure 22. Evolution des concentrations mesurées en rive gauche par échantillonnage d'eau et à partir des turbidimètres (exemple de l'année 2002)

Les mesures des MES ont débuté en janvier 1995, et celles de la MDT en janvier 2000. Elles étaient bi-quotidiennes de 1995 à 2004 et sont quotidiennes depuis janvier 2005 (figure 22). Elles ont été effectuées par J.-L. Peiry au début, de 1995 à septembre 1999 (Peiry, 1997). Cette régularité et le nombre important d'échantillons analysés, plus de 7200 au total, permettent d'assez bien cerner les flux journaliers de MES et d'obtenir des valeurs mensuelles et annuelles relativement robustes. Deux sondes turbidimétriques (Partech IR40C et IR15C) ont permis de compléter certaines données lacunaires.

Il convenait cependant d'établir la relation entre les concentrations issues des prélèvements depuis la rive gauche et les concentrations moyennes sur l'ensemble de la section. Aussi, et parallèlement à ces mesures systématiques, dix-sept jaugeages complets ont été effectués (photo 3). Ils ont permis de confronter les mesures ponctuelles aux concentrations moyennes réelles sur la section (Dumas, 2004a).

Photo 3. Dispositif de prélèvements mis en place à la station hydrologique du campus pour effectuer un jaugeage complet (mai 2002)

Ces mesures ont été conduites pour un débit de l'Isère inscrit entre 105 $m^3.s^{-1}$ (le 10 octobre 2002) et 348 $m^3.s^{-1}$ (le 17 mai 2001). Tous ces jaugeages ont été réalisés simultanément à un jaugeage du débit liquide par mesure de la vitesse en différents points de la section (Colombani, 1967 ; Nouvelot, 1969 ; Touchebeuf de Lussigny, 1970 ; Guyot, 1993 ; Peiry, 1997 ; Mietton, 1998 ; Duizendstra, 2001). En chacun de ces points, un échantillon d'eau (500 mL) est prélevé par aspiration à l'aide d'un préleveur automatique autonome, d'une capacité de 24 flacons, fixé directement sur le câble porteur du téléphérique (figure 23). Simultanément, un prélèvement en rive gauche est effectué depuis la station (Isco fixe), afin de suivre précisément l'évolution temporelle des concentrations pendant la manipulation.

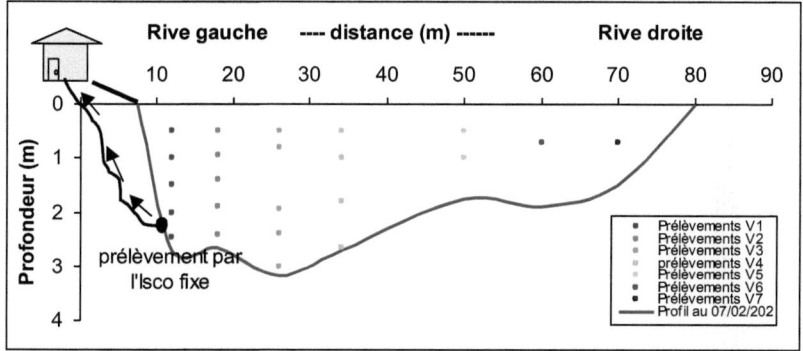

Figure 23. Section de l'Isère au niveau de la station du campus et points de prélèvement sur les 7 verticales retenues : exemple du jaugeage du 7 février 2002

• **Prise en compte des variations du milieu pendant les mesures**

Chaque jaugeage du débit solide se déroule ainsi sur 2 h, durant lesquelles le niveau de l'Isère évolue, et parfois dans des proportions importantes. Par exemple, le 24 avril 2002, l'Isère est montée de près de 50 cm : le débit est ainsi passé 84 $m^3.s^{-1}$ au début des mesures à près de 165 $m^3.s^{-1}$ à la fin du jaugeage (tableau 7). Ces variations quotidiennes sont bien connues dans les régions alpines et sont liées à la gestion des barrages hydroélectriques (Vivian, 1981 ; Pont, 1997 ; Marnezy, 1999 ; Dumas, 2004b). De surcroît, pour l'Isère, ces fluctuations sont amplifiées par la présence de la centrale hydroélectrique du Cheylas, dont les lâchers quotidiens peuvent atteindre 200 $m^3.s^{-1}$ en l'espace de quelques heures (Vautier, 2000). En chacun des points de prélèvement, la hauteur instantanée de l'Isère est notée, afin de pouvoir caler précisément sur le profil transversal, les points de mesure en fonction de la cote retenue. Par ailleurs, afin de déterminer une hauteur de l'Isère représentative au moment du jaugeage, une cote de référence ($H_{réf}$) est calculée en fonction des hauteurs moyennes mesurées à chaque verticale pondérées par la surface des paraboles des vitesses observées (profils unitaires des vitesses, PU, en m^2.s^{-1}).

Tableau 7. *Débits et évolution de l'écoulement pendant les mesures effectuées à la station du campus*

Date	H réf.	Débit calculé	Débit mesuré	Section mouillée	Vitesse moyenne	Evolution de l'écoulement			
						début du jaugeage	fin du jaugeage	fluctuation du débit (écart-type)	tendance horaire
	(m)	(m3/s)	(m3/s)	(m²)	(m/s)	(m3/s)	(m3/s)		(m³/s/h)
04/06/1998	2,9	307,4	298,3	208,1	1,48	308,9	305,9	1,2	-1,5
17/05/2001	3,1	335,2	347,7	221,1	1,52	324,1	350,5	8,7	13,2
07/02/2002	1,6	130,0	125,5	117,9	1,10	121,8	134,5	4,5	6,4
01/03/2002	1,5	116,2	114,8	109,5	1,06	120,7	107,3	4,6	-6,7
08/03/2002	1,6	123,0	125,0	113,9	1,08	117,3	125,2	2,5	4,0
14/03/2002	1,8	147,6	145,9	128,1	1,15	125,2	166,1	12,3	20,4
21/03/2002	2,0	178,7	176,4	144,9	1,23	178,7	202,2	8,8	11,7
24/04/2002	1,6	126,4	135,8	115,9	1,09	84,1	164,8	27,1	40,4
02/05/2002	1,7	136,9	138,4	122,0	1,12	138,1	135,7	0,8	-1,2
13/05/2002	2,5	240,4	239,3	176,0	1,37	221,0	246,0	7,8	12,5
28/06/2002	1,9	167,3	161,9	138,5	1,21	171,1	163,6	2,3	-3,8
10/10/2002	1,5	113,9	105,1	108,3	1,05	119,5	114,0	2,5	-2,8
09/06/1998	*2,7*	*265,0*	*-*	*186,9*	*1,42*	*259,0*	*271,0*	*4,8*	*6,0*
14/06/1998	*1,8*	*139,0*	*-*	*122,7*	*1,13*	*141,0*	*137,0*	*1,4*	*-2,0*
17/06/1998	*2,2*	*198,0*	*-*	*152,8*	*1,30*	*183,0*	*214,0*	*12,1*	*15,5*
22/06/1998	*2,5*	*228,0*	*-*	*168,1*	*1,36*	*211,0*	*240,0*	*11,1*	*14,5*
04/07/1998	*2,3*	*201,0*	*-*	*154,3*	*1,30*	*198,0*	*205,0*	*2,9*	*3,5*

(les valeurs en italique ont été fournies par P. Bois, et Veyrat, 1998)

Tout comme le débit, les concentrations peuvent également présenter une fluctuation au cours du jaugeage complet. Ces variations demeurent néanmoins relativement réduites et sont parfaitement connues à partir des prélèvements effectués simultanément en rive gauche avec l'échantillonneur installé directement dans la station hydrologique. Il est ainsi possible, non seulement de suivre pendant toute la manipulation les fluctuations naturelles des concentrations de l'Isère en un point de la section, mais aussi de prendre en compte cette variation. La valeur retenue ensuite pour caractériser les concentrations en rive gauche lors du jaugeage est la moyenne des concentrations mesurées. Différentes méthodes ont été testées, directement sur le terrain, ou lors de l'analyse des données afin de prendre en compte les fluctuations temporelles des concentrations au cours des campagnes de prélèvements. La figure 24 illustre, à partir de l'exemple du jaugeage complet du 28 juin 2002, les deux séries de prélèvements obtenues lors d'une manipulation. L'une montre les concentrations des 24 échantillons prélevés directement dans la section mouillée (Isco mobile), l'autre, les concentrations successives mesurées depuis la rive gauche (Isco fixe).

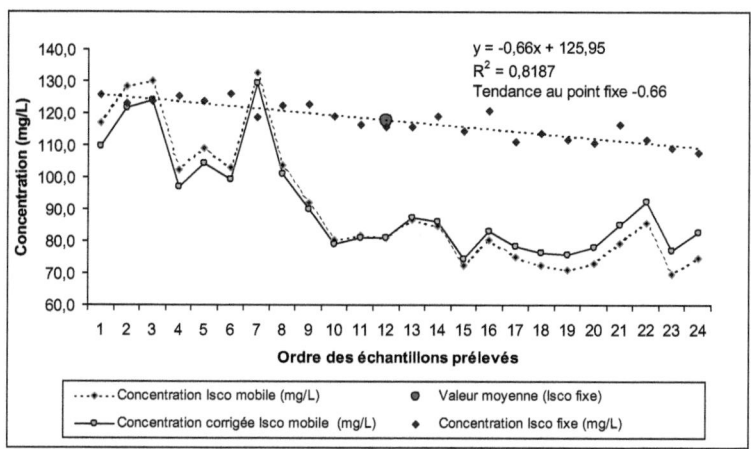

Figure 24. Exemple du jaugeage complet du 28 juin 2002 : concentrations mesurées depuis l'échantillonneur installé en rive gauche (Isco fixe) et depuis le préleveur mobile avant (Isco mobile) et après correction.

Afin de corriger les mesures effectuées sur l'ensemble de la section à des moments légèrement différents, et ramener ces valeurs à une concentration instantanée, l'évolution tendancielle des concentrations mesurées depuis la rive gauche a été prise en compte. Sur tous les jaugeages complets effectués, cette correction reste toujours marginale et ne modifie que légèrement les valeurs initiales. En effet une légère augmentation de la concentration enregistrée en rive gauche, liée une turbulence localisée des flux, ne se traduit pas toujours, et d'une manière univoque, par une augmentation de la concentration sur l'ensemble de la section. La figure 25 montre, par exemple, la mauvaise relation entre les taux de variation de la concentration mesurée en rive gauche sur deux échantillons successifs, et ceux prélevés successivement dans la section.

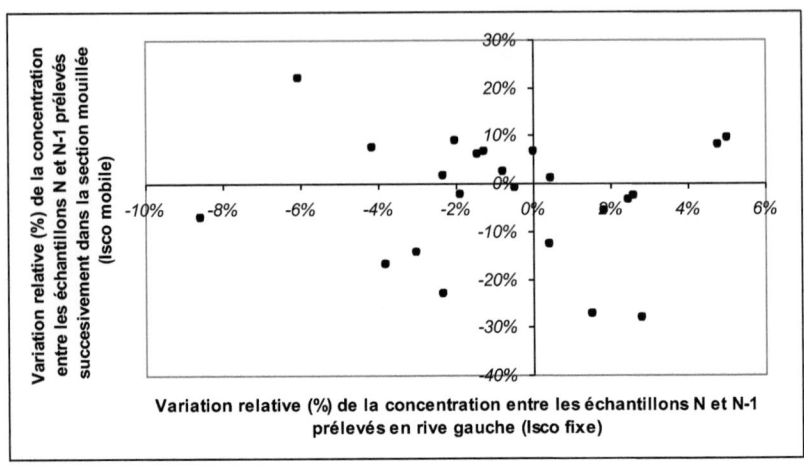

Figure 25. Relation entre les variations relatives des concentrations mesurées en rive gauche et mesurées successivement dans la section mouillée (exemple, du jaugeage complet du 28 juin 2002)

• **Le profil du fond du lit de l'Isère**

La détermination des concentrations sur l'ensemble de la section mouillée nous a, dans un premier temps, contraints à préciser le profil transversal de l'Isère à la hauteur de la station hydrométrique. Les mesures des profondeurs, collectées directement lors des jaugeages, montrent des dissemblances suffisamment fortes pouvant biaiser significativement l'estimation des concentrations moyennes. Les profils bathymétriques déterminés à partir des jaugeages montrent ainsi à chaque fois des superficies légèrement différentes liées non pas à une mobilité importante du fond (la relation hauteur-débit n'a d'ailleurs pas varié depuis 1996), mais directement à l'incertitude de la détection du fond du lit. Cette détection reste toujours très délicate depuis une traille où le contact avec le fond limoneux n'est pas toujours bien net (figure 26). Si cette imprécision n'a que très peu d'incidence sur la mesure du débit puisque les vitesses diminuent très fortement au niveau du fond, ce n'est pas le cas pour les concentrations qui peuvent présenter des valeurs importantes sur les bordures.

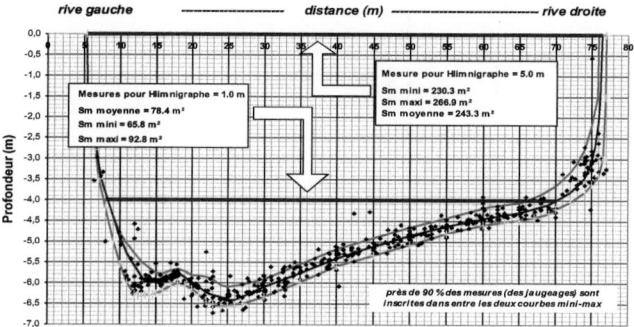

Figure 26. Profil de référence moyen de l'Isère-Campus (Grenoble) pour un niveau d'eau de 5 m et de 1m (à partir des données de Bois, 2003)

Aussi, afin de déterminer un profil moyen de référence, nous avons utilisé les 46 jaugeages effectués depuis 1996. Ils totalisent plus de 430 mesures du fond (figure 26). Hormis des mesures probablement erronées, les mesures du fond oscillent dans une bande relativement étroite et largement acceptable d'environ 50 cm de large. Ainsi, pour une cote de l'Isère de 5 m (Q = 663 m^3.s^{-1}), la section mouillée présente une superficie de 243,3 m² avec une erreur de +/-6%. Cette erreur augmente cependant pour les débits d'étiage, pour une hauteur limnimétrique de 1 m (Q = 65 m^3.s^{-1}) par exemple, la section mouillée est égale à 78,4 m² avec une erreur de +/- 17%.

• *Spatialisation des mesures ponctuelles issues des jaugeages*

Au total, les jaugeages complets ont permis de connaître la répartition de la charge en suspension et dissoute au sein de la section transversale de l'Isère. Les vitesses et les concentrations présentent dans l'ensemble une forte dépendance spatiale (figure 27). Une analyse des variogrammes calculés pour deux directions perpendiculaires l'une à l'autre montre qu'un krigeage linéaire, avec un coefficient d'anisotropie de 13, s'ajuste bien à l'ensemble des données et permet de compenser la forte asymétrie de la section mouillée, dont la largeur est de 15 à 30 fois plus importante que la profondeur moyenne.

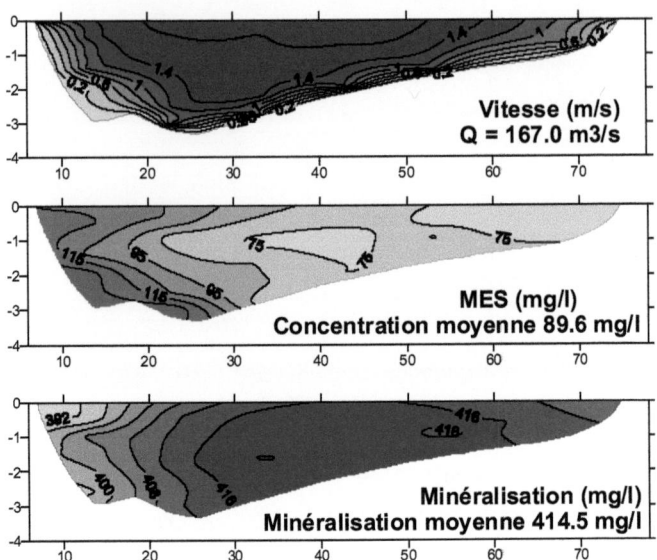

Figure 27. Répartition au sein de la section de l'Isère des vitesses, des MES et de la MDT (matière dissoute totale), exemple le 28 juin 2002, hauteur limnigraphe = 1.92m

En outre, cette spatialisation a été vérifiée et contrôlée avec une comparaison des cartes des vitesses, dont le calcul du volume représente le débit instantané (voir tableau 7 : débit mesuré), et la valeur du débit calculée directement avec la relation hauteur-débit (relation fournie par P. Bois : $Q = 65,441 \; H^{1,439}$). L'erreur reste toujours inférieure à 6% et le plus souvent limitée à 3%. Pour cette étude, afin de conserver une homogénéité des résultats, les flux de MES sont déterminés à partir des débits calculés avec la courbe de tarage de la station.

b - D'une mesure ponctuelle à une connaissance de la concentration moyenne de l'Isère

• Répartition des concentrations au sein de la section mouillée

Les profils de MES obtenus sont extrêmement variables et ne montrent pas toujours des concentrations de matières en suspension plus importantes au voisinage du fond. On retrouve, d'une manière plus ou moins nette, quatre familles différentes de répartition des concentrations (figure 28).

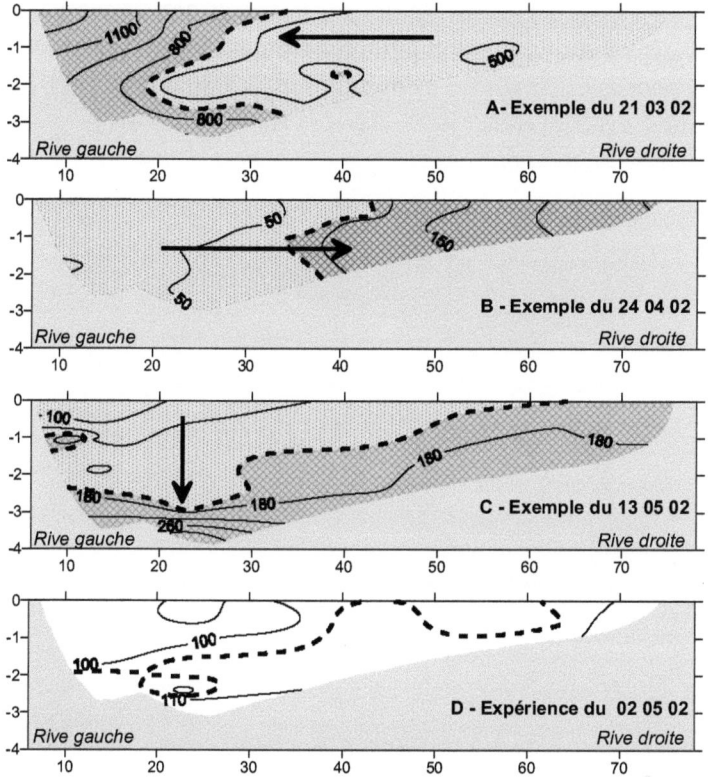

Figure 28. Répartition de la charge en suspension totale, dans la section transversale de l'Isère : (A) gradient latéral négatif, (B) gradient latéral positif, (C) suspension graduée verticale, (D) suspension uniforme. Le trait discontinu représente la courbe égale à la concentration moyenne de la section, la trame ponctuelle la zone de sous-estimation, et la trame quadrillée la zone de surestimation

Ces répartitions verticales ou latérales sont souvent décrites et s'expliquent notamment par la texture des sédiments en suspension (Eisma, 1993 ; Bravard et Petit, 1997 ; Felix, 2002). On oppose généralement deux modes de répartition : une suspension uniforme lorsque les sédiments ont une texture argileuse et, à l'inverse, une suspension graduée lorsque les sédiments deviennent plus limoneux. La vitesse du courant pourrait donc en partie contrôler ces gradients de turbidité, puisque la plupart des modèles de transport de sédiments montrent l'importance de seuils de cisaillement et des vitesses pour que soit mis en mouvement un élément d'un diamètre donné (Hjulstrom, 1935 ; Larras, 1972 ; Petit, 1988 ; O'Riordan *et al.*, 1996 ; Cojan et Renard, 2006).

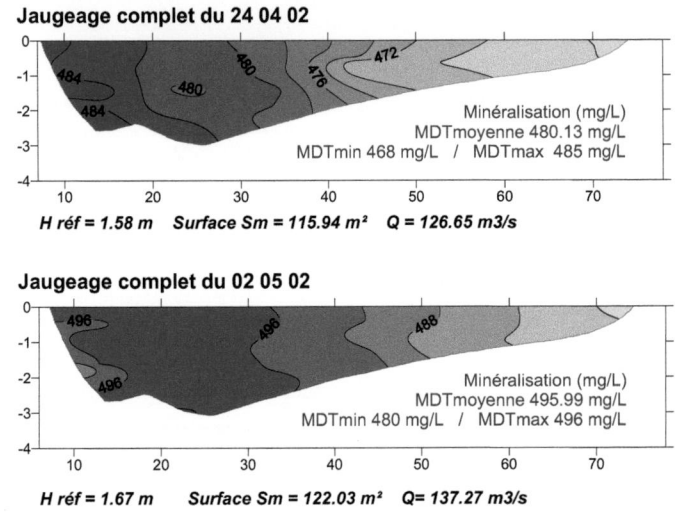

Figure 29. Répartition de la concentration en éléments dissous dans l'ensemble la section transversale de l'Isère lors de deux jaugeages complets

La connaissance de ces répartitions et de leur variabilité temporelle reste souvent très sommaire ; on considère alors que les gradients de turbidité sont faibles, voire homogènes, parfois en conduisant un nombre réduit de prélèvements de surface au sceau (Mano, 2008). On utilise ensuite directement la valeur issue d'un prélèvement unique pour déterminer les flux globaux de MES. Lorsque le débit solide est approché à partir d'un seul et unique prélèvement, situé par exemple sur la rive gauche du cours d'eau (MES$_{fixe}$), la valeur enregistrée peut être parfois assez proche de la concentration moyenne, mais parfois nettement sous-estimée ou au contraire surestimée. Les concentrations en MES peuvent cependant être étendue à toute la section mouillée sous réserve de la corriger. Cette correction, induite par les gradients de turbidité des flux de MES, n'est pas nécessaire pour les MDT, qui présentent toujours une répartition relativement homogène des valeurs sur l'ensemble de la section. La figure 29, issue des jaugeages complets, montre des variations de la MDT sur la section, mais elles restent extrêmement réduites, les écarts entre les valeurs extrêmes sont notamment très ténus.

• *Correction de la mesure ponctuelle*

Pour la MES, à partir des jaugeages, les valeurs mesurées ponctuellement peuvent être ainsi corrigées et extrapolées à l'ensemble de la section à l'aide d'un modèle régressif (Nouvelot, 1972 ; Brasington et Richards, 2000). Sur l'Isère, l'ajustement statistique correspond alors à une droite (équation 1, figure 30) :

$$C_m = 0.832 \, MES_{fixe} + 18,46 \qquad R^2 = 0,94 \quad \text{équation 1}$$

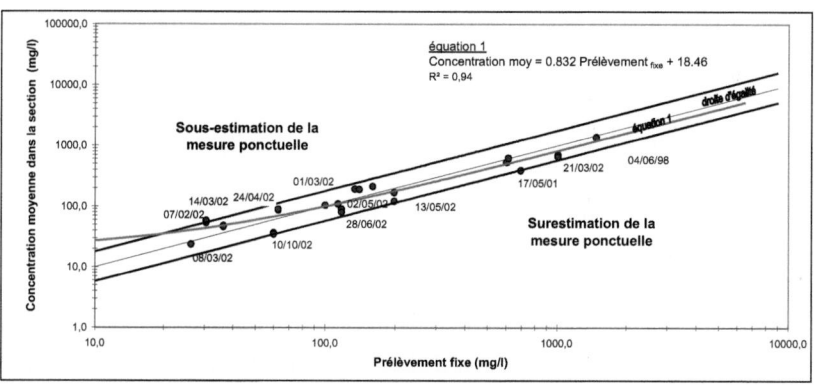

Figure 30. Relation entre la concentration mesurée en rive gauche (prélèvement fixe) et la concentration moyenne dans la section

La qualité statistique de cette relation ($r^2=0,94$) démontre qu'il reste possible d'appréhender le flux réel de MES (C_m) à partir d'une mesure unique

(MES_{fixe}), sous réserve d'appliquer une correction limitant, dans le cas présent, la surestimation liée aux particularités du site de mesure. La pente de l'équation 1, de 0,83, montre clairement que la mesure ponctuelle doit être réduite d'environ 83% et souligne ainsi la surestimation moyenne de la mesure ponctuelle. Une erreur d'estimation d'environ 20% avait d'ailleurs été envisagée à juste titre comme possible dans les premières analyses des données issues de ces prélèvements (Peiry, 1997). Cette surestimation était envisageable dès l'installation des capteurs par la position du point de prélèvement, à la fois localisée dans une légère concavité du chenal, et située dans le tiers inférieur de la section mouillée où circulent justement des concentrations généralement plus fortes (Inman, 1949 ; Passega, 1957).

Il apparaît donc possible de corriger les valeurs mesurées ponctuellement (MES_{fixe}) directement à l'aide du modèle régressif établi. Cependant, on peut, à la lecture de ces premiers jaugeages et de l'expérience acquise, pressentir qu'une suspension graduée latérale droite ou gauche puisse apparaître dans toutes les gammes de concentration. Aussi il n'est pas exclu de retrouver, même pour des concentrations élevées, les rapports C_m/MES_{fixe} observés. Le ratio le plus faible est égal à 0,56 et le plus élevé à 1,75. La concentration moyenne de la section (C_m) pourrait donc osciller entre -44% et +75% de la valeur observée sur la rive gauche et donc varier dans un rapport de 1 à 3. Pour quantifier le plus précisément possible ces flux de matière, il était donc utile de chercher des paramètres pouvant intervenir dans le passage d'un mode de répartition des concentrations à un autre. Cette analyse a été conduite dans une étude publiée en 2004 (Dumas, 2004a), mais n'est pas reprise dans cet ouvrage. En effet, la méthode décrite n'était pas totalement transposable à la station hydrologique située un peu plus à l'aval *(DIREN W 141.010)* dont les enregistrements débutent dès 1960. L'objectif étant de cerner les évolutions environnementales sur plusieurs décennies, le choix de cette station-aval s'imposait. Néanmoins, aucun jaugeage complet n'a encore été effectué au niveau de cette station, ce qui nous a obligés de retenir la méthode d'estimation de la concentration moyenne sur l'ensemble de la section (Cm) à partir du modèle régressif défini précédemment (équation 1). Ce modèle reste cependant totalement pertinent ($r^2=0,94$) (Dumas, 2004 et 2008).

• *Variabilité naturelle exceptionnelle des concentrations*

Toutefois, le bon coefficient de corrélation de cette relation est aussi lié à la grande variabilité naturelle des concentrations, inscrites dans une large gamme de valeurs allant de 20 à plus de 1000 mg.L^{-1}, voire plus 10 000 mg.L^{-1} ! Il existe sans doute peu de variables environnementales qui présentent une telle variabilité naturelle, allant presque de 1 à 1000. Il ne faut donc pas s'étonner des bons coefficients de corrélation que l'on peut observer avec ces variables, notamment lorsqu'on utilise des valeurs s'échelonnant sur l'ensemble de la gamme des concentrations (figure 31).

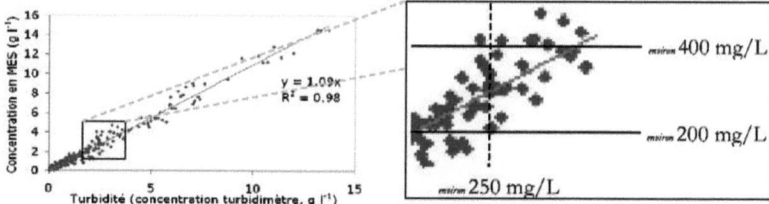

Figure 31. Relation entre la concentration mesurée à partir de prélèvements et à partir du turbidimètre, d'après Mano 2008.

Une simple observation visuelle de la concentration de l'eau, croisée avec des mesures, donnerait, elle-aussi, une très bonne corrélation. Le coefficient de corrélation très élevé, calculé entre les mesures turbidimétriques et celles conduites à partir des prélèvements (Mano, 2008), masque selon moi une forte dispersion des valeurs lorsqu'elles sont observées dans une fourchette plus réduite de concentration. La figure 28 montre, par exemple, que pour une valeur d'environ 250 mg.L^{-1} mesurée à partir du turbidimètre, on peut observer des valeurs variant dans un rapport du simple au double. Or, 90% des valeurs observées de 1996 à 2004 sont inférieures à 367 mg.L^{-1}, et certains mois de l'année ne présentent pas toujours de fortes variabilités des concentrations (Dumas, 2008a). Les mesures issues de turbidimètres restent donc selon moi très incertaines et à prendre avec une grande circonspection.

De même, et il a été possible de l'observer à plusieurs reprises, les concentrations mesurées à partir de ces capteurs présentent parfois des pics de turbidité très importants issus de salissures ou liés à un encrassement brutal du système optique du capteur. Ces biais ne peuvent être encore totalement éliminés par les nouveaux systèmes munis d'un essuie-glace, testés un court moment sur l'Isère. Sur le Rhône, des études sur le transit sédimentaire font le même constat (Antonelli, 2002 et 2004).

Si ces pics artificiels sont assez aisément repérables, la relation entre les données issues de prélèvements et celles des turbidimètres demeure néanmoins parfois mal corrélée à cause de l'influence, sur ces mesures optiques, de la texture, de la couleur et sans doute aussi d'une agrégation plus ou moins forte des sédiments (Gippel, 1995 ; Riley, 1998 ; Lenzi et Marchi, 2000). Pour ces raisons, et dans la mesure où les relations entre les concentrations observées à partir des mesures optiques et celles issues des prélèvements sur des périodes courtes restent significatives, ces mesures turbidimétriques ont été exclusivement utilisées pour combler des lacunes.

c - Évaluation délicate des flux sédimentaires : importance de la méthode d'extrapolation

Le contexte montagneux de son bassin, son module important et son régime perturbé par de nombreux aménagements hydroélectriques engendrent, au cours d'une année, des flux de MES marqués par une succession de pics. Ces fortes fluctuations temporelles s'accompagnent simultanément d'une grande variabilité des gradients de turbidité au sein de la section de cette rivière. Aussi la quantification des flux sur ce type de cours d'eau est extrêmement délicate. Il est cependant rarement possible, et plus encore sur des cours d'eau importants, de prélever une dizaine d'échantillons dans la section de manière systématique, au pas de temps de 12 h, voire quotidiennement. La prise en compte de paramètres hydrologiques et de la dynamique des flux de

MES améliore sensiblement la connaissance des répartitions et offre une extrapolation plus robuste d'un unique point de mesure, qui selon les cas, sous-estime ou surestime la concentration moyenne (Dumas, 2004a). A défaut de cette correction complexe, il semble indispensable *a minima* de regarder sérieusement le lien entre la mesure ponctuelle et sa représentativité spatiale. Cette confrontation permet ensuite de conduire une correction dont l'impact sur les valeurs n'est pas toujours négligeable, notamment lorsque l'on observe les flux à l'échelle annuelle.

L'analyse des résultats montre clairement que l'évaluation des concentrations moyennes, et par là-même des flux annuels, reste fortement tributaire de la méthode d'extrapolation retenue (Dumas, 2004a). Les valeurs extrêmes envisageables à partir des rapports extrêmes C_m/MES_{fixe} observés ne sont qu'indicatives et s'éloignent probablement de la réalité (tableau 8). On reste néanmoins très loin du chiffre de 19,9 $Mt.an^{-1}$, estimé pour l'Isère à Grenoble par Müntz et Lainé (1913, 1915), puis repris par Pardé (1925) dans sa thèse. Certaines quantifications ou estimations de ces débits solides à Grenoble s'appuient encore parfois encore sur des valeurs issues de cette première estimation de Pardé (1925), même si cette valeur avait cependant été jugée, quelques années après, comme invraisemblable par Pardé (1942). Il estimait alors le flux de MES plus proche de 3,1 $Mt.an^{-1}$, avant de publier en 1964 une nouvelle évaluation entre 4,0 et 6,0 $Mt.an^{-1}$ (Pardé, 1964).

Tableau 8. Détermination annuelle des flux de MES de l'Isère à Grenoble

	Modules de l'Isère (m3.s-1)	Volume d'eau écoulée (millions de m³)	Prélèvement en rive gauche	Valeurs minimales envisageables : ratio Cm/MESfixe=0.56	Valeurs maximales envisageables : ratio Cm/MESfixe=1.75	Correction Equation 1
1996	140,0	4 428,65	1 281 314	730 349	2 280 739	1 147 811
1997	155,6	4 906,27	1 074 094	612 234	1 911 887	984 221
* 1998	143,7	3 016,43	677 280	386 050	1 205 558	619 183
1999	206,2	6 501,61	3 533 378	2 014 025	6 289 413	3 059 797
2000	166,8	5 275,76	1 263 977	720 467	2 249 879	1 149 025
2001	209,6	6 608,88	3 307 855	1 885 478	5 887 982	2 874 142
2002	155,9	4 917,34	945 443	538 902	1 682 888	877 388

* *L'année 1998 est incomplète : les valeurs sont issues d'observations couvrant la période du 1er janvier au 31 août.*

Plus récemment, les tentatives de bilans sédimentaires, établis par Vautier (2000) puis par Allain Jegou (2002), soulignent parfaitement la carence d'information sur les transits en suspension de l'Isère. Pour ces dernières décennies, à partir de mesures systématiques, le flux annuel moyen de MES est évalué à 2,0 Mt.an^{-1} (Dumas, 2007).

L'utilisation directe de la mesure ponctuelle pour estimer les flux de MES engendre une surestimation globale des quantités annuelles. Les dernières études du transit sédimentaire de l'Isère (Mano, 2008), s'appuyant sur des échantillonnages de surface effectués au sceau, ne semble pourtant pas l'évoquer, on en reste encore –comme souvent- à l'idée qu'une mesure effectuée dans un milieu est forcément « représentative » de ce milieu. Pourtant, la surestimation des mesures ponctuelles avait déjà été envisagée et expliquée à la fois par la position du point de prélèvement, placée dans une concavité du chenal, et une altitude indépendante de la ligne d'eau (Peiry, 1997). Lors des hautes eaux, l'échantillonnage s'effectue davantage au fond où les concentrations sont généralement plus fortes. La plus forte surestimation des quantités transportées évaluées directement avec la mesure ponctuelle s'observe en 1999, avec plus 470.000 t par rapport à la valeur issue de l'équation 1, soit une différence qui correspond respectivement à un flux spécifique de 84 t.km^{-2}.an^{-1} et de 170 t.km^{-2}.an^{-1}. Ces valeurs sortent même de la fourchette des dégradations spécifiques moyennes européennes comprises entre 30 et 90 t.km^{-2}.an^{-1} (Serrat *et al.*, 2001). Elles montrent bien la grande difficulté d'apprécier ces flux sur un cours d'eau important comme l'Isère, fortement chargé en sédiments. Mais ce constat est sans doute applicable à bien des cours d'eau alpins.

Malgré ces difficultés méthodologiques, à partir des prélèvements, et après l'application d'une correction, il reste néanmoins possible de suivre les variations des flux de MES au cours de temps. Par ailleurs, l'élaboration de modèles empiriques permet d'étendre les observations initiales sur une période pluridécennale, et ainsi de mieux cerner la variabilité temporelle de ces flux.

D - CARACTERISER LES TEMPERATURES DANS LES ALPES DU NORD

L'étude est conduite sur les Alpes du Nord à partir de données météorologiques relevées dans les départements de l'Isère, la Savoie et la Haute-Savoie (figure 32). Le réseau d'observation a été complété par deux postes placés en altitude dans les Hautes-Alpes (Nevache, 1660 m ; La Grave, 1780 m). Sans couvrir la totalité des Alpes françaises, avec environ 30 000 km², l'espace étudié reste suffisamment étendu pour couvrir une variété de situations topographiques (fonds de vallée, versant, zone sommitale), tout en répondant à la nécessité de se placer dans une zone relativement homogène sur un plan climatique (Saintignon, 1976 ; Douguedroit et Saintignon, 1981 et 1984 ; Paul, 1977 et 1997 ; Dumas et Antunes, 2003 ; Dumas et Rome, 2009 ; Delannoy, 2010 ; Dumas 2013).

Caractériser de manière synthétique l'évolution des températures sur plusieurs décennies en milieu de montagne n'est pas simple, car des effets locaux, liés à la topographie et l'exposition, viennent perturber la répartition des températures. Localement, ces effets accentuent ou, à l'inverse, affaiblissent les contrastes thermiques sur des lieux proches. Aussi, afin de cerner au pas de temps mensuel, l'évolution des températures minimales et maximales dans les Alpes du Nord françaises, nous utilisons deux indicateurs thermiques régionaux calculés de 1960 à 2007. Ces indicateurs sont issus d'une centaine de postes de mesure, et permettent de déterminer mensuellement un gradient thermique et une température réduite au niveau de la mer. Ils permettent ainsi de décrire les évolutions thermiques et les modifications des températures, depuis près de 50 ans.

Des modèles de régression linéaire multiple permettent d'étendre ces mesures sur une période plus large, et de mieux définir les évolutions des températures de ces montagnes depuis 1885. L'évolution des températures régionales, minimales et maximales, peut ainsi être décrite sur plus de 120 ans. Dans ce secteur alpin, où les études scientifiques sur les modifications de l'environnement, notamment à partir de sites instrumentés, sont particulièrement nombreuses ; bilans de masse de plusieurs glaciers, modification de la végétation alpine, études dendrochronologiques, suivi du manteau neigeux, modification des flux hydrologiques ou hydrosédimentaires, etc. Il est souvent indispensable de pouvoir mettre en relation ces modifications environnementales observées avec les évolutions de la température dans un cadre régional. Cette étude apportera ainsi, à cette échelle, des éléments de comparaison utiles pour mieux suivre et définir les modifications environnementales opérées à l'échelle des Alpes du Nord depuis la fin du XIXème siècle.

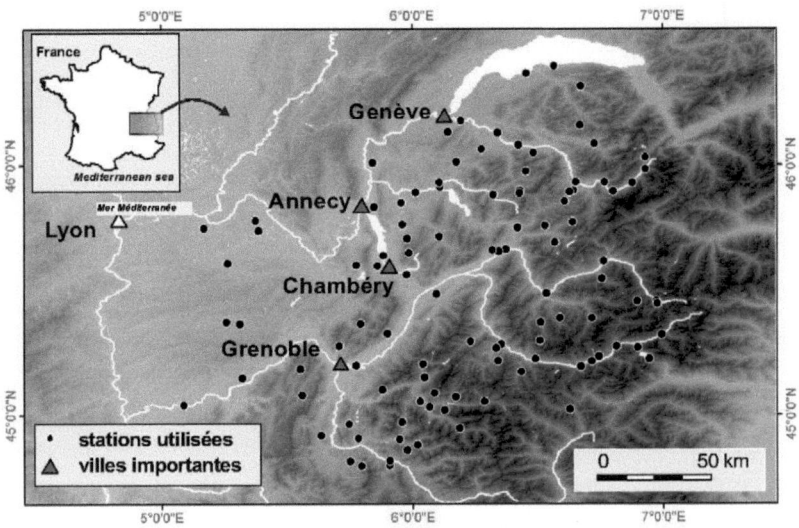

Figure 32. Position des 92 stations Météo France utilisées dans cette étude

a - Les données utilisées

Sur ce secteur, plus de 150 postes de mesure Météo-France ont été repérés dans un premier temps. Différents critères nous ont amenés à réduire rapidement ce jeu de stations : dérives multiples, période de mesure trop courte, lacunes trop importantes. Au total, 92 stations ont été retenues sur l'ensemble de la période 1960-2007 (figure 33).

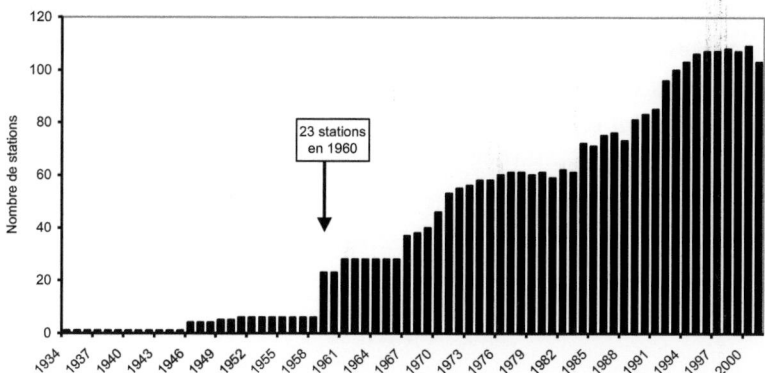

Figure 33. Nombre de postes météorologiques Météo-France dans les Alpes du Nord (les postes avec des lacunes trop importantes ne sont pas pris en compte)

Les postes sélectionnés se caractérisent par des altitudes, des expositions et des contextes topographiques extrêmement variés (figure 34). Les altitudes sont comprises entre 134 m (Sablons) et 2800 m pour la station la plus haute (St-Martin-de-Belleville), mais 95 % des stations sont situées au-dessous de 2000 m d'altitude, et 15% seulement se placent dans la tranche altitudinale 1500-2000 m.

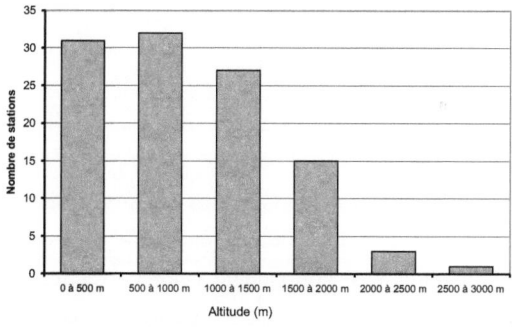

Figure 34. Répartition altitudinale des stations retenues dans cette étude

Afin de construire des indicateurs mensuels sur un jeu de données homogènes, les lacunes ont été comblées. Les séries ont été ensuite vérifiées au pas de temps mensuel en utilisant la méthode du cumul des résidus (Bois, 1971 ; Buishand, 1984 ; Hubert *et al.*, 1989 ; Antunes, 2002 ; Didelot, 2004 ; Dumas et Rome, 2009). Les macros Excel développées au sein du logiciel *Hydrolab* et dédiées à la détection des anomalies ont été utilisées (Laborde et Mouhous, 1998). Ces macros permettent de déterminer simultanément les anomalies ponctuelles dans les séries et les anomalies systématiques liées à une dérive de la série (figure 35).

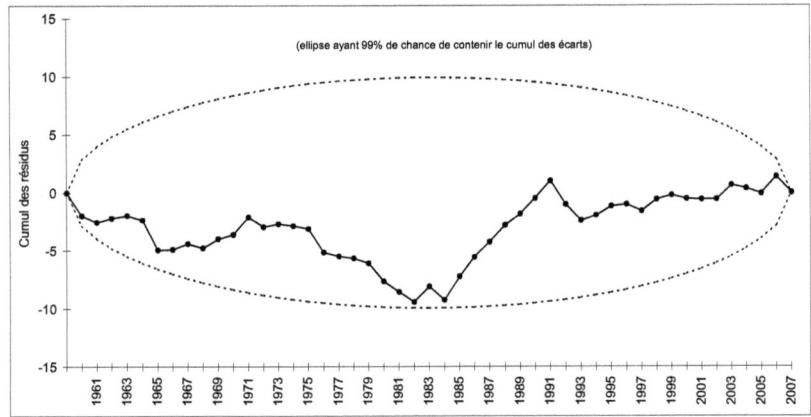

Figure 35. Détection d'une rupture de stationnarité : exemple avec les températures minimales du mois de juillet des stations d'Evian et de Chamonix

Cependant, la détection d'une dérive éventuelle a été améliorée en désaisonnalisant les températures (Ladiray et Quenneville, 2001). Pour ce faire, les données ont été standardisées, c'est-à-dire centrées avec la moyenne puis réduites avec l'écart type des valeurs mensuelles. Ce travail de contrôle a permis de détecter l'hétérogénéité de plusieurs séries puis de les corriger. Il faut noter que l'impact de cette correction sur les résultats finaux reste relativement modeste dans la mesure où, d'une part, les séries les plus hétérogènes ont été écartées de cette étude, et d'autre part, le nombre élevé de points de mesure limite notablement l'influence de quelques stations sur les résultats (tableau 9).

Tableau 9. Liste des stations homogénéisées pour les températures minimales
les moyennes et les écarts-types sont calculés à titre indicatif sur l'ensemble de la période étudiée

Stations	Altitude (m)	Date de la rupture	Homogénéisation des données					
			AVANT		APRES		DIFFERENCE	
			Moy	σ	Moy	σ	Moy	σ
Autrans	1090	sept-72	0.9	5.6	1.1	5.5	-0.2	0.0
Avrieux	1102	avr-88	2.8	5.9	2.6	5.5	0.2	0.3
Beaufort	1030	nov-88	3.0	5.8	3.2	5.9	-0.3	-0.1
Bessans	1715	juil-94	-2.4	6.5	-2.0	6.3	-0.4	0.2
Besse	1525	janv-95	1.4	5.4	2.0	5.5	-0.5	-0.1
Bourgoin	254	juil-93	6.6	5.6	6.0	5.2	0.6	0.4
Challes les Eaux	291	févr-83	5.2	6.0	5.3	6.1	-0.1	-0.1
Chamonix	1042	juil-86	1.0	5.9	0.6	5.9	0.4	0.0
Chindrieux	340	juin-94	6.5	5.8	7.0	6.1	-0.5	-0.3
Evian	395	févr-94	6.9	5.6	6.7	5.5	0.1	0.1
La Mure	865	nov-94	4.4	5.7	4.7	6.0	-0.3	-0.3
Meythet	458	mai-92	4.5	5.7	4.7	5.9	-0.2	-0.2
Pralognan-la-Vanoise	1420	oct-93	0.5	5.8	0.7	5.8	-0.3	0.0
Rumilly	345	avr-73	4.8	5.8	5.1	5.9	-0.3	-0.1
Sablons	134	juin-94	6.9	5.2	7.1	5.3	-0.2	-0.1
Saint-Martin-d'Hères	212	janv-69	6.4	5.9	6.3	5.7	0.2	0.1
Samoens	749	mai-94	2.9	5.8	3.0	5.7	-0.1	0.1
Termignon	1280	mars-62	0.6	5.7	0.6	5.7	0.0	0.0
Thones	626	sept-91	4.0	5.9	3.9	5.8	0.1	0.1
Ugine	425	juin-88	4.9	6.0	5.2	6.2	-0.3	-0.3
Usinens	417	mars-91	6.0	5.6	5.9	5.5	0.1	0.1
Vallorcine	1300	janv-93	0.3	5.8	0.1	5.7	0.2	0.1
Verrens-Arvey	530	juin-95	4.8	5.7	4.6	5.6	0.2	0.2
Villard	1050	mai-80	1.9	5.4	1.5	5.3	0.4	0.1

b - Estimation de deux indicateurs régionaux

Pour chaque mois couvrant la période 1960-2007, à partir des températures minimales (Tn), maximales (Tx) et moyennes (Tg), une température réduite au niveau de la mer, ainsi qu'un gradient de décroissance de la température, ont été systématiquement calculés à partir de modèles linéaires (figure 36). Ces estimations mensuelles, à partir de l'altitude des stations, pourraient être affinées par la prise en compte de différents critères topographiques dans un modèle de régression linéaire multiple (Douguédroit, 1980 ; Douguédroit et Saintignon, 1984), ce qui engendrerait inévitablement une variance résiduelle plus faible des résidus. Cependant, une étude dissociant les sites et situations topographiques ne pourrait dès lors donner une synthèse des évolutions climatiques, et une compréhension globale des tendances, dans les Alpes du Nord, à partir de deux uniques paramètres. Par ailleurs, s'il reste relativement simple de distinguer les stations situées dans les fonds de vallée et sur les versants, pour certaines d'entre elles en revanche, il devient nettement plus délicat de les dissocier clairement en position d'ubac ou d'adret (figure 37).

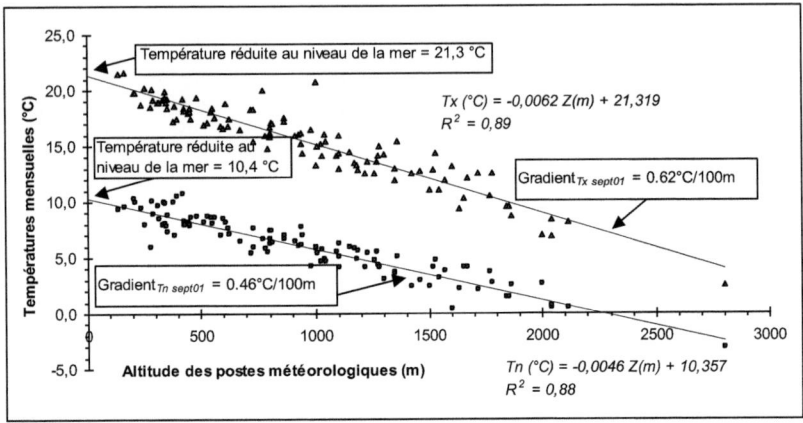

Figure 36. Décroissance de la température (Tn et Tx) en fonction de l'altitude ; exemple en septembre 2001 (données Météo-France)

D'ailleurs, certaines sont placées dans des vallées dont l'orientation principale n'est pas toujours W-E. La notion d'adret/ubac, si chère notamment aux géographes grenoblois, est toujours à prendre avec une grande prudence lorsque l'on travaille sur un large espace montagneux dont la topographie est, dès lors, forcément complexe. Cette clé de lecture, certes intéressante et parfois pertinente, n'est pas généralisable à toutes les observations, ne serait-ce que par l'existence inévitable de vallées, ou de tronçons de vallée, de direction plus méridienne. Ces deux indicateurs (gradient et température réduite), issus d'une régression linéaire, restent pertinents sous réserve que la relation soit systématiquement vérifiée puis validée par des tests statistiques.

Dans le cadre de cette étude, les modèles de régression linéaire, établis entre les altitudes et les températures moyennes mensuelles ont été vérifiés à l'aide de quatre tests ; deux portent sur la part de la variance expliquée (test de Bravais-Pearson et de Fisher-Snédecor), et deux autres sur les coefficients de la droite (tests de Student sur la pente et sur l'ordonnée à l'origine). Pour tous ces tests, un seuil de significativité à 5 % et 1% a été fixé (tableau 10).

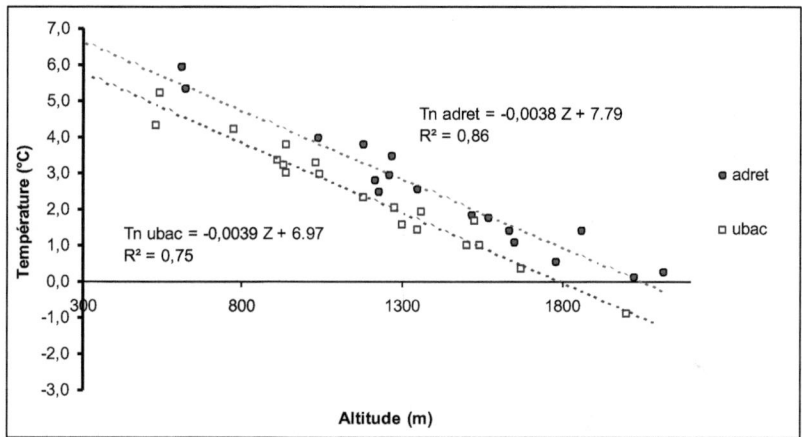

Figure 37. Décroissance de la température minimale en octobre 91 en fonction de l'altitude et de la position en adret ou en ubac des stations (uniquement pour les stations qui le sont franchement)

Pour chaque année, le travail est reconduit afin d'obtenir 48 gradients et 48 températures réduites au niveau de la mer sur la période 1960-2007. Ces valeurs s'appuient donc sur 92 points de mesure, dont la relation température-altitude a été validée par les quatre tests. De surcroît, le seuil de significativité, fixé à 1%, a toujours rejeté l'hypothèse nulle des quatre tests, ce qui également le gage d'une bonne robustesse de ces valeurs mensuelles. Elles nous semblent donc pertinentes et parfaitement représentatives des conditions thermiques globales enregistrées cette région montagneuse des Alpes du Nord.

Les études antérieures ont bien montré la complexité de la relation entre la température et le relief (Saintignon, 1976 ; Douguédroit et Saintignon,

1984 ; Paul, 1977 et 1997). Il est aujourd'hui bien connu que l'altitude n'est pas le seul facteur explicatif dans la répartition spatio-temporelle des températures, même s'il a une influence prépondérante, des effets locaux peuvent également influencer très fortement cette composante.

Tableau 10. Les quatre tests utilisés pour valider les régressions : illustration sur les températures mensuelles moyennes calculées sur la période 1960 à 2007

	Gradient (°C/100m)	Température réduite au niveau de la mer (°C)	Bravais-Pearson R	Tests Fischer F		Student
					ta	tb
Seuil de significativité 5%			0,195	3,94	1,98	1,98
Seuil de significativité 1%			0,254	6,91	2,62	2,62
Janvier	0,34	6,54	0,70	245,4	15,7	28,5
Février	0,46	9,49	0,83	518,6	22,8	43,7
Mars	0,59	14,14	0,91	1085,9	33,0	72,5
Avril	0,66	18,22	0,92	1271,4	35,7	90,4
Mai	0,64	22,72	0,93	1349,4	36,7	120,3
Juin	0,62	26,20	0,91	1133,8	33,7	129,3
Juillet	0,61	28,81	0,88	772,5	27,8	120,3
Août	0,59	27,96	0,86	661,5	25,7	112,0
Septembre	0,54	23,77	0,87	708,3	26,6	107,9
Octobre	0,44	18,14	0,87	683,2	26,1	98,2
Novembre	0,39	11,19	0,86	631,5	25,1	66,2
Décembre	0,32	6,83	0,72	274,8	16,6	32,5

Chapitre III

Les transformations environnementales dans les Alpes au cours du XXème siècle

Principaux résultats

A partir des différentes méthodes décrites précédemment, et sur les quatre thèmes appréhendés dans le cadre de ce livre, les transformations environnementales opérées dans les Alpes au cours du XXème siècle peuvent maintenant être décrites plus précisément. Ces transformations sont évaluées et caractérisées à l'échelle du massif de Chartreuse pour l'étude des pluies hydrologiques, au niveau du lac du Lauvitel, à l'échelle de l'ensemble du bassin de l'Isère moyenne pour l'étude de l'érosion, et à l'échelle de l'ensemble des Alpes du Nord pour l'étude des températures. On passe ainsi successivement à une connaissance des évolutions environnementales sur des espaces alpins de plus en plus importants, respectivement de l'ordre de 400 km², 6 000 km² et de plus de 30 000 km².

A - L'interception des pluies par la couverture forestiere en moyenne montagne

La connaissance des taux d'interception moyens des précipitations par la couverture arborée, ainsi que l'évaluation, sur une période longue, des précipitations annuelles sur le massif pour différentes altitudes, permettent de dégager les quantités d'eau utilisables pour le cycle hydrologique. En effet, la présence de la forêt complique considérablement l'arrivée de l'eau au niveau du sol, par un processus d'interception qui retient une fraction variable des pluies, susceptible ensuite de s'évaporer plus ou moins rapidement (Bultot *et al.*, 1972 ; Aussenac, 1981 ; Petit et Kalombo, 1984 ; Carlyle-Moses, 2004). Les estimations de l'interception des précipitations, puis les grandes lignes de l'évolution de la couverture forestière, permettent ainsi de dégager les quantités d'eau réellement reçues au niveau du sol depuis le milieu du XIXème siècle. Avant de pouvoir évaluer l'évolution des pluies hydrologiques, il convient de décrire et caractériser l'interception des pluies à différentes échelles spatiales et temporelles.

a - **Mesure et estimation de l'interception**

• *Interception à l'échelle d'un arbre*

D'une manière générale, lorsqu'une goutte de pluie tombe près d'une pousse terminale, elle rencontre un houppier épais, et la probabilité qu'elle reste accrochée dans le feuillage est donc plus grande. À l'inverse, si une goutte d'eau tombe en limite de houppier, ou dans une trouée forestière, elle a bien évidemment plus de chance d'atteindre directement le sol. En forêt, cette variabilité de la pluviosité locale reste à nuancer selon les espèces concernées. En effet, de nombreux travaux montrent que l'interception des pluies est variable selon les espèces arborées (Fardjah et Lemee, 1980 ; Aussenac, 1981 ; Nizinski et Saugier, 1988). La figure 38, issue de mesures effectuées au pied de deux arbres témoins, permet de synthétiser les mesures relevées sous un Hêtre et un Epicéa.

Ces observations, à l'échelle d'un arbre, soulignent clairement que la répartition des précipitations au niveau du sol diffère d'abord en fonction de l'espèce, puis, mais dans une moindre mesure, de la saison (figure 38). Cet effet saisonnier ne s'observe pas sous les résineux, mais exclusivement sous les feuillus sous lesquels le sol reçoit moins de pluie en été qu'en hiver. La répartition des précipitations reçues au sol est relativement homogène sous le feuillage d'un Hêtre. En revanche, sous un Epicéa les quantités d'eau reçues présentent une forte variabilité spatiale, et augmentent progressivement au fur et à mesure que l'on s'éloigne de son tronc.

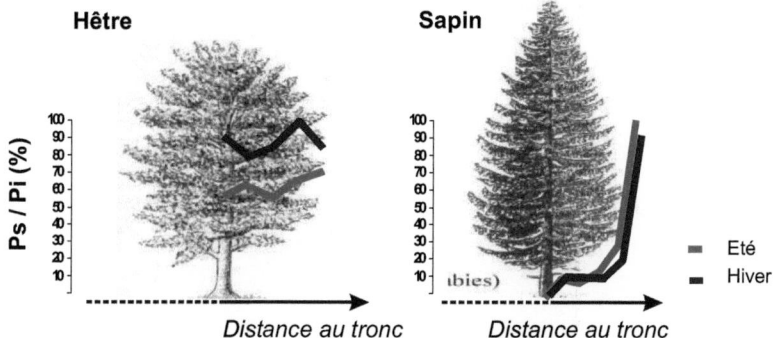

Figure 38. Distribution de la part des précipitations moyennes reçues au niveau du sol sous couvert forestier, pour deux espèces arborées. Valeurs moyennes observées (entre décembre 2002 et décembre 2004) pour des averses inférieures à 10 mm/jour

• *Interception au niveau des formations arborées*

La spatialisation des enregistrements permet de calculer les lames d'eau moyennes pour les différents groupes arborés présents sur la parcelle. On peut ainsi mettre en relation les précipitations incidentes (Pi) et les précipitations parvenant au sol (Ps). Cette relation montre d'emblée que sur l'ensemble de la parcelle l'interception n'est pas insignifiante (figure 39).

Il faut cependant ajouter aux précipitations arrivant au sol les eaux ruisselant sur le long des troncs. Sur les résineux, les quantités d'eau ruisselant le long des troncs sont négligeables. En revanche, sur les Hêtres, dont l'écorce est lisse, ces valeurs peuvent parfois atteindre 2 mm pour des journées pluvieuses. Une moyenne à partir de deux mesures d'eau ruisselant sur les troncs des Hêtres a été retenue, mais devra être précisée. En effet, lors d'une averse, les mesures d'écoulement effectuées sur les deux hêtres présentent des valeurs tantôt sensiblement analogues, tantôt différentes, dans un rapport allant de 1 à plus de 3, sans que cette différence soit liée à l'importance des précipitations incidentes ou à la morphologie du houppier (les plus fortes valeurs d'écoulement mesurées sont tantôt sur l'un des arbres, tantôt sur l'autre). Ces quantités d'eau ruisselant sur les troncs (Pt, en mm) sont cependant en moyenne proportionnelles aux précipitations incidentes (Pi, en mm), et peuvent être décrites sous la forme d'une relation linéaire (figure 40).

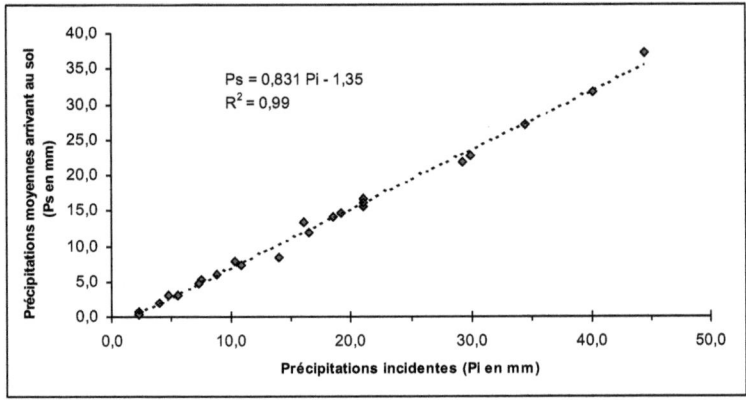

Figure 39. Relation entre les précipitations incidentes (Pi) et les précipitations moyennes arrivant au sol (Ps) sur l'ensemble de la parcelle expérimentale (observations en 2002 et 2003)

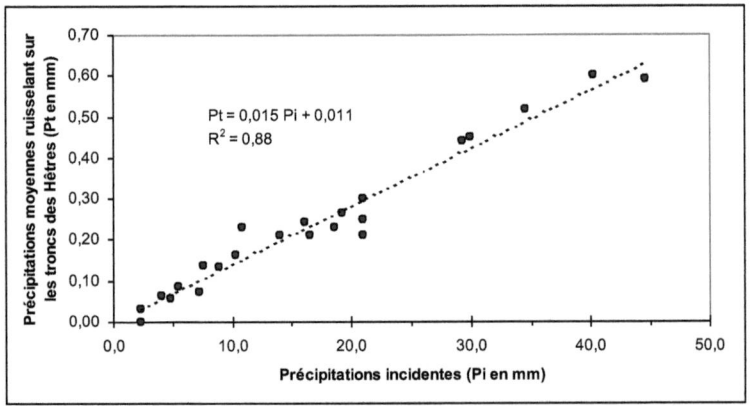

Figure 40. Relation entre les précipitations Pi et Pt sur les Hêtres de la parcelle expérimentale (observations en 2002 et 2003)

À partir de nos mesures, une régression a ainsi été déterminée :

$$Pt = 0{,}015\ Pi - 0{,}011 \qquad r^2 = 0{,}88$$

Cette relation, sous des formes légèrement différentes, a été souvent décrite dans la littérature (Rapp et Ibrahim, 1978 ; Schnock *et al.*, 1980 ; Nizinski et Saugier, 1988). Au total, pour chaque épisode pluvieux étudié, les précipitations moyennes (Ps et Pt) sur les différentes unités arborées ont été calculées. L'interception est ensuite appréciée directement par différence, en mm, et également ramenée en pourcentage vis-à-vis des précipitations incidentes. Pour des épisodes pluvieux d'une faible intensité journalière, l'interception peut dépasser 50 % quelle que soit la formation arborée considérée. Ceci peut paraître considérable, mais rejoint les valeurs proposées dans la littérature (Schnock *et al.*, 1980 ; Aussenac, 1981 ; Nizinski et Saugier, 1988, Gash *et al.*, 1995). L'interception diminue ensuite assez rapidement lorsque l'épisode pluvieux devient plus marqué, pour atteindre 10 % dans la hêtraie-sapinière, et environ 20 % dans la pessière.

D'une manière générale, les observations montrent l'influence relativement réduite de la saison, même si celle-ci n'est appréhendée que d'une manière incomplète (figure 41). L'interception globale, et non plus à l'échelle d'un arbre, semble à peine plus importante en été qu'en hiver. L'absence d'un effet saisonnier marqué sur l'interception des précipitations peut paraître étonnante à première vue. Plusieurs explications sont généralement apportées à cette observation (Humbert et Najjar, 1992).

Sur le massif de la Chartreuse, la plus probable est qu'en hiver le plus grand taux d'ouverture des formations de feuillus est compensé par des précipitations d'une plus faible intensité qu'en été. L'analyse de la distribution des intensités horaires des pluies, relevées à la station de Clémencières, montre effectivement que les averses estivales sont caractérisées par une plus forte intensité que les épisodes pluvieux hivernaux.

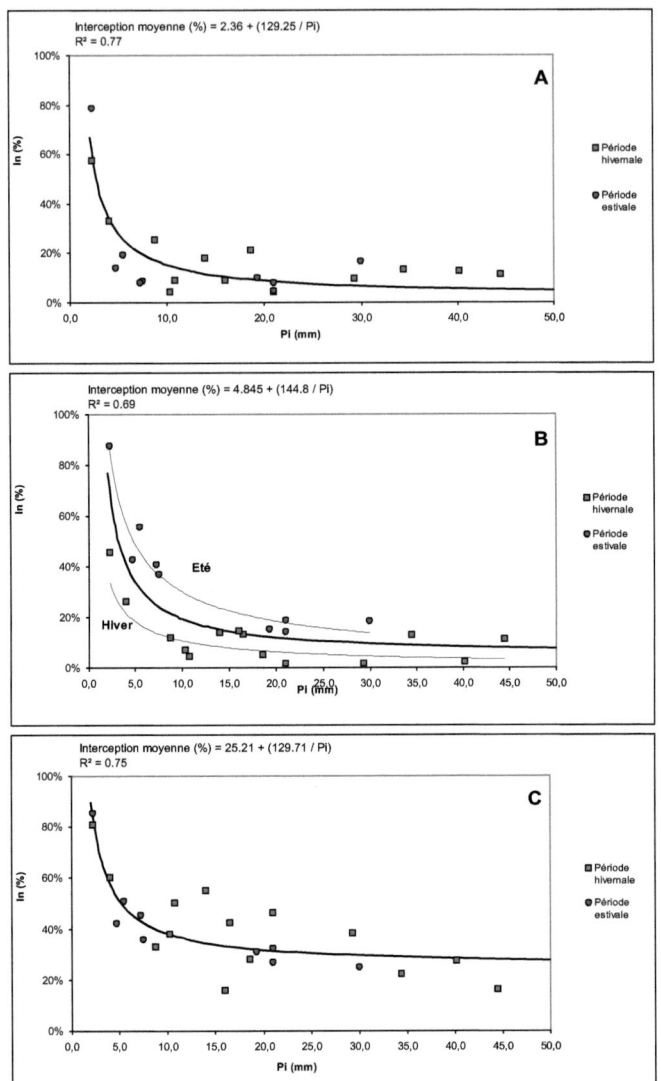

*Figure 41. Relation entre les précipitations incidentes (Pi) et le taux d'interception (In) observé dans les grandes formations arborées du massif de la Chartreuse : **A** – Hêtraie-Sapinière ; **B** – Hêtraie ; **C** – Pessière*

La période hivernale est définie pour des mesures effectuées entre octobre et mars. La période estivale est caractérisée par des mesures conduites entre avril et septembre.

Cependant, si ces variations saisonnières sont masquées pour partie, dans le détail, et exclusivement au sein de la hêtraie pure, le taux d'interception des précipitations présente un léger comportement saisonnier, avec une valeur un peu plus élevée en été (figure 41). Sur cette formation arborée, la proportion d'eau ruisselant le long des troncs ne varie que peu sur l'année. En revanche, les précipitations arrivant au sol sont plus sensibles aux changements saisonniers. Il apparaît ainsi que la hêtraie augmente légèrement sa capacité de saturation, et ainsi les taux d'interception, en période estivale avec la présence d'un feuillage. Les évaluations des taux moyens d'interception pour les trois grandes séries arborées permettent de définir, et modéliser, le comportement de cette interception pour différentes valeurs des précipitations incidentes. Les trois relations définies statistiquement sont les suivantes :

- dans une hêtraie-sapinière   In (%) = 2,364 + (129,25 / Pi) $r^2 = 0,77$
- dans une hêtraie   In (%) = 4,845 + (144,80 / Pi) $r^2 = 0,69$
- dans une pessière   In (%) = 25,208 + (129,79 / Pi) $r^2 = 0,75$

Le taux d'interception est maximal pour des précipitations très faibles, et diminue lorsque les épisodes pluvieux deviennent plus marqués. La connaissance de ces relations, toutes hautement significatives, de type hyperbolique, permet d'évaluer, pour chaque averse, la part des précipitations perdue par l'interception, et de dégager l'interception moyenne à l'échelle d'une année. L'interception des pluies, calculée à partir de ces relations, serait totale pour des averses inférieures à 1 mm. Il faudra ultérieurement multiplier les mesures afin de valider, et d'affiner, ces premières observations. À partir de ces trois modèles, il est possible de transposer ces résultats sur l'ensemble du massif de la Chartreuse. Pour ce faire, il convient aussi d'apprécier les précipitations sur l'ensemble du massif.

b - Évaluation de l'interception sur une année moyenne

Les pluies mesurées en plein champ, juste à proximité de la zone expérimentale, ont permis d'établir les modèles de l'interception des pluies pour les trois formations arborées du massif. Il s'agit maintenant d'appliquer ces modèles à l'ensemble du massif afin d'évaluer le rôle de la forêt sur les précipitations à cette échelle et sur la totalité d'une année (Dumas, 2008b). La connaissance de la distribution des précipitations journalières sur une année est alors nécessaire si l'on veut évaluer l'importance de l'interception. La station climatique automatique de Clémencières, située à 750 m d'altitude, très proche de l'altitude moyenne du massif, enregistre au pas de temps horaire les précipitations, et permet de caractériser précisément cette distribution annuelle des pluies journalières.

L'utilisation des modèles, à partir de mesures pluviométriques effectuées sur un autre secteur, implique cependant de contrôler la bonne relation des précipitations incidentes initialement utilisées avec celles relevées à la station automatique de Clémencières. A cette occasion, il est également possible de comparer les précipitations incidentes à celles relevées quotidiennement au Sappey-en-Chartreuse par M. Remillier (responsable ONF du secteur) pour les différents épisodes pluvieux étudiés (figure 42) et pour l'ensemble de l'année 2003 (tableau 11).

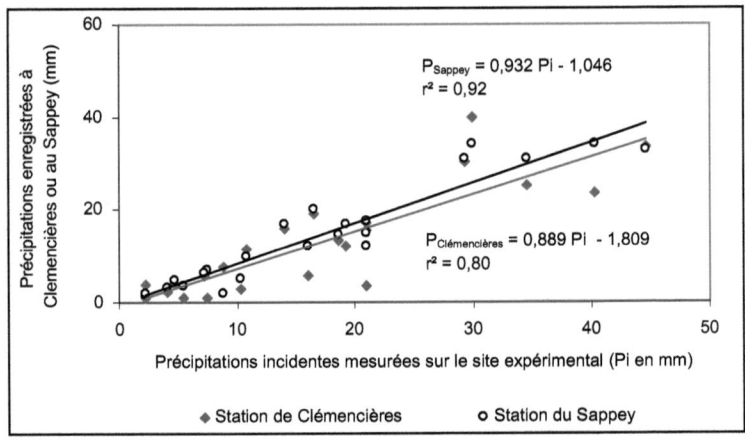

Figure 42. Relation des précipitations mesurées sur le site expérimental (Pi) et celles relevées simultanément à la station de Clémencières et au Sappey-en-Chartreuse (observations en 2002 et 2003)

Tableau 11. Précipitations mensuelles en 2003, mesurées à Clémencières et au Sappey-en-Chartreuse (en mm)

	Clémencières	Sappey en Chartreuse
Janvier	69,1	116,1
Février	51,8	45,7
Mars	26,0	15,2
Avril	99,3	107,0
Mai	29,8	48,6
Juin	45,3	66,1
Juillet	8,8	33,7
Août	107,1	128,4
Septembre	57,7	57,6
Octobre	203,8	249,2
Novembre	106,8	114,2
Décembre	62,2	56,8
Année	**867,7**	**1038,6**

Pour l'année 2003 (tableau 11), les précipitations cumulées sont de 868 mm à Clémencières et atteignent 1039 mm au Sappey, pour une différence d'altitude d'environ 200 m. A l'échelle des différents épisodes pluvieux renseignés, il apparaît une relation significative entre les quantités d'eau reçues sur les trois sites ($r^2 > 0,8$). Les précipitations incidentes, mesurées sur le site, sont en moyenne un peu plus élevées que celles enregistrées à Clémencières et au Sappey. Les pentes des droites de régression (figure 42 : pente de 0,93 pour la station du Sappey et 0,89 pour celle de Clémencières) indiquent respectivement des précipitations incidentes, au niveau de la parcelle expérimentale, supérieures d'environ 7% à celles enregistrées au Sappey, et d'environ 11% à celles observées à Clémencières. La parcelle expérimentale est située légèrement au-dessus des stations de Clémencières et du Sappey, il n'est donc pas totalement étonnant que les précipitations mesurées dans la clairière, à proximité immédiate du site, soient légèrement plus importantes que celles enregistrées par ces deux stations.

C'est d'ailleurs une observation courante en climatologie ; elle est bien connue en montagne, où les précipitations ont tendance à augmenter avec l'altitude. En milieu de montagne, la répartition géographique des pluies obéit cependant à des lois complexes, avec parfois une forte variabilité spatiale. Il était donc nécessaire de vérifier la possibilité de transposer ces modèles avec l'utilisation des relevées pluviométriques à la station de Clémencières. A partir des données de la station de Clémencières, la répartition annuelle des pluies journalières est définie à partir des années 2002 à 2006. Une étude à partir de plusieurs séries pluviométriques journalières de la région grenobloise (stations Météo France ; Bourg Saint-Maurice, Chapareillan, Fontanil-Cornillon, Lavaldens, Saint Martin d'Hères, Theys, Tencin), ainsi que les données enregistrées à la station de Clémencières, soulignent que la distribution des pluies journalières est d'une part relativement comparable d'une année à l'autre, et d'autre part, qu'elle se retrouve sur l'ensemble des tranches altitudinales du massif. Sur la période 2002 à 2006, les précipitations annuelles mesurées à la station de Clémencières sont en moyenne de 832 mm, et résultent de 146 jours de pluie. La majorité des précipitations journalières est inférieure à 2 mm, mais les précipitations journalières comprises entre 10 et 15 mm, avec plus de 160 mm, représentent la classe la plus représentée dans le total annuel (tableau 12).

Tableau 12. Répartition en classes d'intensité des précipitations journalières moyennes enregistrées à Clémencières entre 2002 et 2006, et simulation de l'interception des pluies pour les trois formations arborées dominantes

Pluies journalières	Fréquence		Précipitations cumulées		Interception moyenne sur une :					
					Hêtraie-Sapinière		Hêtraie		Pessière	
	jours	%	mm	%	In calculée (%)	In (mm)	In calculée (%)	In (mm)	In calculée (%)	In (mm)
sans pluie	218,4	59,8%								
]0 - 2 mm]	67,8	18,6%	42,3	5,1%	67,0	28,3	77,2	32,7	89,7	38,0
]2 - 4 mm]	21	5,8%	61,2	7,4%	34,7	21,2	41,0	25,1	57,5	35,2
]4 - 6 mm]	14	3,8%	71,5	8,6%	23,9	17,1	29,0	20,7	46,7	33,4
]6 - 8 mm]	9	2,5%	62,9	7,6%	18,5	11,6	22,9	14,4	41,3	26,0
]8 - 10 mm]	7,8	2,1%	68,8	8,3%	15,3	10,5	19,3	13,3	38,1	26,2
]10 - 15 mm]	13,2	3,6%	161,4	19,4%	11,0	17,7	14,5	23,4	33,8	54,6
]15 - 20 mm]	5	1,4%	8	10,4%	8,8	7,7	12,1	10,5	31,7	27,4
]20 - 30 mm]	4,8	1,3%	149,0	14,3%	6,7	7,9	9,7	11,5	29,5	35,1
]30 - 40 mm]	2,6	0,7%	87,6	10,5%	5,6	4,9	8,5	7,4	28,4	24,9
]40 - 60 mm]	0,8	0,2%	35,6	4,3%	4,9	1,8	7,7	2,8	27,8	9,9
]60 - 80 mm]	0,6	0,2%	35,3	4,2%	4,0	1,4	6,7	2,3	26,8	9,5
Année	365		832,2			130,2		164,1		320,2
soit une interception annuelle moyenne de						15,6%		19,7%		38,5%

La répartition des pluies journalières sur l'année s'opère probablement différemment en altitude, et notamment sur les faibles intensités, où l'effet orographique se fait davantage ressentir. Aussi est-il probable que le nombre de jours comportant des pluies journalières un peu plus importantes que 2 mm soit renforcé au détriment des précipitations journalières inférieures à ce seuil. Par conséquent, et dans la mesure où le coefficient d'interception diminue avec l'intensité journalière, il est possible que l'interception globale soit légèrement surestimée en altitude.

Cependant, à l'échelle du massif, l'impact de cette surestimation reste probablement assez réduit, puisque 70 % de la superficie du massif sont inscrits dans la tranche altitudinale comprise entre 600 m et 1400 m, où l'on peut supposer que la distribution des pluies journalières est comparable à celle observée à la station de Clémencières. Il est certain qu'une analyse de pluies journalières à des altitudes différentes, et notamment élevées, permettrait de mieux définir l'impact du relief sur l'intensité journalière des précipitations. À partir de cette distribution des pluies, et des 3 modèles d'interception définis précédemment, le calcul de l'interception annuelle des précipitations sur les différentes séries arborées du massif est fourni par le tableau 12. Ainsi, au niveau de la station de Clémencières :

- *pour une hêtraie-sapinière, l'interception annuelle est de 130 mm, soit 15,6 % des pluies incidentes annuelles,*
- *pour une hêtraie, la lame d'eau interceptée est de 164 mm, soit 19,7 % des précipitations annuelles,*
- *et pour une pessière, l'interception, plus marquée, est de 320 mm, soit 38,5 % des pluies annuelles.*

Le coefficient moyen d'interception annuelle pour les trois formations arborées, calculé à une altitude de 750 m, n'est probablement pas strictement comparable en altitude, notamment dans les parties sommitales, où les précipitations annuelles dépassent 2000 mm par an. Les valeurs calculées rejoignent cependant assez bien les intensités de l'interception proposées dans diverses études (tableau 13).

Tableau 13. Quelques valeurs d'interception (%) pour différents peuplements de résineux et de feuillus, d'après une étude bibliographique

Référence	Espèce	Interception %
Aussenac G., 1975, 1981	Abies grandis	43
Aussenac G., 1975, 1981	Pinus sp.	21 à 48
Rapp M., Ibrahim M., 1978	Pinus pinea	28
Humbert J., Najjar G., 1992	Pinus sp.	11 à 55
Llorens P., Gallart F., 2000	Pinus sp.	30
Aussenac G., 1975, 1981	Quercus sp.	20 à 31
Nizinski J. Saugier B., 1988	Quercus sp.	31 à 41
Humbert J., Najjar G., 1992	Quercus sp.	22 à 34
Aussenac G., 1975, 1981	Fagus silvatica	17 à 28
Humbert J., Najjar G., 1992	Fagus silvatica	14 à 37
Gash J.H.C. et al., 1995	Pinus pinaster	17 à 39

c - Évolution de la couverture forestière depuis le XIXème siècle

Pour déterminer l'évolution des précipitations reçues au niveau du sol sur l'ensemble du massif, il faut aussi retracer les grandes lignes de l'évolution de la couverture forestière. Depuis la révolution industrielle, en liaison avec les progrès de l'agriculture à haut rendement des plaines, mais aussi des mutations socio-économiques des régions de montagne, une grande partie des terres a été abandonnée au profit notamment des formations arborées. En France, la forêt s'étend alors au rythme de 20 à 30 000 ha par an, au détriment des landes et des prairies (Périgord, 1996). Cette tendance générale sur l'ensemble des massifs français se vérifie également en Chartreuse. Les photographies 4 et 5 illustrent ponctuellement cette évolution. Sur le massif, la prédominance de résineux (sapins et épicéas) s'explique par l'exploitation ancienne de la forêt pour le charbon. Dans cette optique, les feuillus étaient plus recherchés que les résineux. Les coupes régulières de feuillus ont laissé place au développement des résineux (tableau 14). Au XXème siècle, les forestiers menèrent une politique de reboisement favorable à l'implantation des résineux : leur repousse est plus rapide, les besoins en charbon avaient diminué. Pour évaluer les changements de la couverture forestière au cours du XXème siècle, il a été retenu de suivre le secteur positionné autour du Sappey en Chartreuse, entre le massif de Chamechaude, du St Eynard et de l'Ecoutoux. La zone représente une superficie d'environ 3050 ha, son altitude moyenne, de 1040 m, est proche de l'altitude moyenne du massif. On retrouve dessus successivement les étages collinéen, montagnard et subalpin du massif de la Chartreuse.

Photo 4. Vue de Chamechaude au niveau de la commune du Sappey en Chartreuse, vers 1880-1890 (source ASFAMM)

Photo 5. Vue similaire en 2003 (Binard, 2003)

Tableau 14. Pourcentage estimé des principales séries forestières sur la zone étudiée, et extrapolation des superficies à l'échelle du massif (d'après Binard, 2003 et Dumas, 2004)

	1820	1900	1950	2000
Estimation sur la zone étudiée				
Couverture forestière	59%	67%	69%	70%
Hêtraie-sapinière	46%	49%	54%	58%
Hêtraie	44%	24%	13%	8%
Résineux	10%	27%	33%	34%
Extrapolation à l'échelle du massif (en km²)				
Couverture forestière sur le massif	235	269	278	280
Hêtraie-sapinière	108	133	150	162
Hêtraie	103	64	36	22
Résineux	24	72	92	95

En utilisant des documents photographiques, des documents cadastraux (1820 et 1994), des cartes de la végétation (1956 et 1993) et les valeurs proposées par l'IFN (2006), il est possible de retracer les grandes tendances de l'évolution de la couverture forestière du massif. Les cartes de la végétation des années 1956 et 1993 montrent déjà clairement l'évolution progressive du paysage forestier. En 1956, la forêt représente plus de 70% du secteur d'étude. En seulement 37 ans, la tendance à la fermeture du paysage se confirme nettement. Entre ces deux dates, la forêt gagne du terrain, et augmente d'environ 4%. Les documents cadastraux et les photographies aériennes complètent et confirment cette évolution. Ils mettent en évidence la descente de la végétation sur les versants et l'apparition de bosquets dans les zones plus planes. Les haies se sont également fortement développées au cours du XXème siècle. Ces valeurs ne sont qu'indicatives et ne présentent que la tendance générale de l'évolution forestière du massif. Pour cette raison, et parce qu'il serait illusoire de penser obtenir des informations précisément à l'année près, nous avons ramené les résultats issus de différentes sources d'une même période, à une date fictive. Les documents cartographiques de 1956, par exemple, représentent le milieu du XXème siècle. Par ailleurs, il est évident que l'évolution de paysage, en presque deux siècles, n'a pas été homogène sur l'ensemble du massif. Il conviendra par la suite de regarder l'évolution de la couverture arborée sur l'ensemble du massif et non pas seulement sur une zone témoin. Ces premiers résultats permettent néanmoins de tenter de retracer l'évolution de la couverture arborée, et de la mettre en relation avec les précipitations.

d - Impact de la forêt sur l'évolution des ressources en eau en moyenne montagne depuis le milieu du XIXème siècle

• *Interception moyenne des pluies par la forêt sur l'ensemble du massif*

Un modèle a été élaboré afin de définir pour chaque année la part de l'interception sur les différentes formations arborées du massif, et de calculer les précipitations arrivant au niveau du sol (équation 1). Ce modèle décompose les précipitations pour chaque tranche altitudinale du massif. Pour chaque tranche altitudinale, dont la superficie est connue (S_Z), il est possible de calculer les précipitations reçues au sol (P_s), en tenant compte des surfaces (S_{fai}) respectives des différentes formations arborées (fai), et de leur interception (In_{fai}). Les pluies moyennes reçues au sol sont ainsi calculées pour chaque tranche altitudinale par pondération des surfaces, avec la formule suivante :

$$P_s = \left(\frac{S_{non\,arboree}}{S_Z}\right) P_i + \sum_{i=1}^{3}\left[\left(\frac{S_{fa_i}}{S_Z}\right)(P_i - In_{fa_i})\right] \quad \textit{(équation 1)}$$

pour chaque tranche altitudinale :

    P_s :   précipitations reçues au sol (mm)
    P_i :   précipitations incidentes (mm)
    In_{fai} :   interception de la formation arborée (mm)
    S_Z :   superficie de la tranche altitudinale (km²)
    S_{fai} :   superficie de la formation arborée sur la tranche altitudinale (km²)
    fa_1 :   formation arborée - Hêtraie-Sapinière
    fa_2 :   formation arborée - Hêtraie
    fa_3 :   formation arborée - Pessière

Le tableau 15 synthétise les résultats du modèle, à titre d'exemple, pour des précipitations incidentes moyennes du XXème siècle. La répartition des séries forestières selon les tranches altitudinales s'est appuyée sur plusieurs sources documentaires et cartographiques (Tonnel et Ozenda, 1964 ; Richard et Patou, 1982 ; Pache, 2000 ; Girard, 2003 ; Binard, 2003 ; IFN, 2006), et sur un modèle numérique de terrain (MNT à 1 km). Les valeurs ont été ensuite affinées, puis calées aux superficies récemment proposées par l'IFN (2006) pour les différentes séries arborées du massif de Chartreuse.

Tableau 15. Superficies, occupation du sol, interception annuelle des pluies, et précipitations annuelles moyennes (1901-2000) par tranches altitudinales. Les précipitations Pi pour les différentes altitudes sont calculées à partir de l'équation 1

Tranche altitudinale	S_Z (km²)	Précipitations Pi (mm)	Hêtraie-Sapinière		Hêtraie		Pessière		Précipitations au sol (mm)
			Sfa_1 (km²)	Interception 15,6 % (mm)	Sfa_2 (km²)	Interception 19,7 % (mm)	Sfa_3 (km²)	Interception 38,5 % (mm)	
[200 -400]	11,5	1296	0		0		0		1296
[400 - 600]	37,2	1575	0		0		0		1575
[600 - 800]	49,1	1759	6	274	10	347	0		1655
[800 - 1000]	63,4	1896	38	296	7	374	0		1678
[1000 - 1200]	94,2	2006	73	313	0		0		1764
[1200 - 1400]	72,8	2097	37	327	0		26	807	1643
[1400 - 1600]	42,7	2176	0		0		39	838	1411
[1600 - 1800]	23,6	2244	0		0		22	864	1439
[1800 - 2000]	4,3	2305	0		0		0		2305
[2000 - 2100]	1,2	2346	0		0		0		2346
Total	400		154		17		87		
Moyenne pondérée par les surfaces		1951		311		358		835	1634

Sur l'ensemble du XXème siècle, et à l'échelle du massif, les précipitations météorologiques, ou incidentes, sont en moyenne de 1951 mm par an, mais les quantités d'eau reçues au sol sont moindres avec 1634 mm par an (tableau 15). Au total, sur une année, la perte moyenne d'eau sur l'ensemble du massif par l'interception forestière est donc proche de 300 mm. Cette valeur masque un prélèvement en eau assez variable en fonction des formations forestières concernées. La hêtraie-sapinière et la hêtraie soustraient au cycle hydrologique respectivement 311 mm et 358 mm d'eau par an. Malgré une occupation plus réduite, la pessière intercepte et retient une part des pluies sur son feuillage nettement plus élevée, avec 835 mm d'eau par an (tableau 15). Cette caractéristique est consécutive à la fois à un taux d'interception annuel plus important sur les résineux, et également à des précipitations plus abondantes sur cette série, liées à sa position plus en altitude. Ainsi, la perte en eau par l'interception forestière représenterait en moyenne sur le XXème siècle environ 16 % des précipitations annuelles reçues sur l'ensemble du massif. Cette valeur a-t-elle toujours été la même depuis le XIXème siècle ?

• *Évolution des quantités d'eau arrivant au sol depuis le XIXème siècle*

A partir du modèle défini précédemment, en intégrant l'évolution différentielle des séries forestières, et notre connaissance de l'interception pour les trois principales formations forestières, il est possible de retracer à l'échelle annuelle les précipitations arrivant au sol, et les valeurs de l'interception. Les précipitations enregistrées à Grenoble, St Laurent du Pont, St Pierre d'Entremont et St Pierre en Chartreuse, ne montrent pas de tendance significative de la pluviosité depuis le milieu du XIXème siècle, et même au cours du XXème siècle. La série pluviométrique représentative des pluies moyennes du massif ne montre pas également de tendance significative à la hausse ou à la baisse, depuis le milieu du XIXème siècle. Aussi, au cours du XXème siècle, la quantité d'eau perdue par l'extension de la forêt n'a pas été compensée par une majoration des précipitations, ou à l'inverse accrue par une péjoration des précipitations (figure 43). Les changements climatiques qui s'opèrent actuellement à l'échelle de la planète ne semblent pas influencer la pluviométrie enregistrée sur le massif de Chartreuse. Les modifications climatiques observées dans les Alpes portent d'ailleurs essentiellement sur les températures et guère sur les cumuls annuels des pluies (Durand *et al.*, 2009).

Pour autant, avec l'extension de la couverture forestière, l'eau disponible pour l'écoulement a diminué. En appliquant le modèle d'interception défini pour le massif aux précipitations enregistrées depuis 1845, et en tenant compte de l'évolution de la couverture forestière, on observe une hausse moyenne de l'interception de l'ordre de 62 mm sur 100 ans, et donc d'environ 150 mm depuis le milieu du XIXème siècle (figure 43). La première décennie de la série montre une interception moyenne de 260 mm et de presque 330 mm sur la dernière décennie. Néanmoins, la variabilité interannuelle de cette interception reste forte, avec des fluctuations interannuelles de l'ordre de 100 mm (écart-type = 50 mm). Ces valeurs de l'interception restent néanmoins négligeables au regard des apports en eau, qui sont considérables à l'échelle du massif.

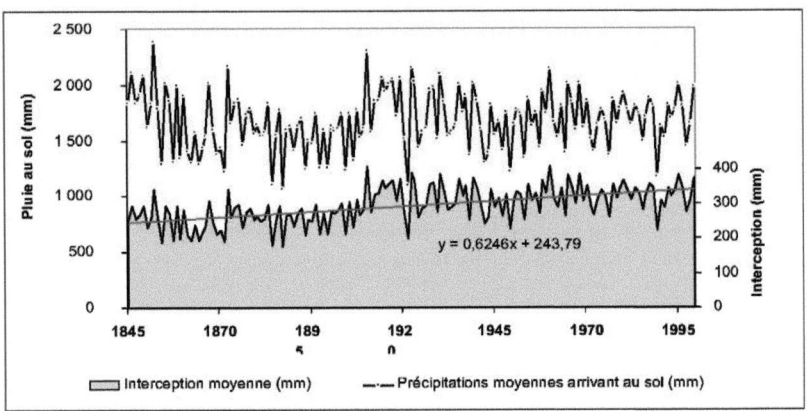

Figure 43. Pour l'ensemble du massif de Chartreuse, évolution de l'interception et des précipitations arrivant au niveau de sol depuis 1845

• *Rôle de l'extension de la forêt dans l'évolution des quantités d'eau arrivant au sol*

Afin d'estimer un peu plus précisément le rôle particulier de l'extension de la forêt dans l'évolution de l'interception, on peut chercher à simuler la quantité d'eau arrivant au sol, depuis 1820, à partir de précipitations constantes. On choisit alors de prendre pour les précipitations incidentes la valeur des pluies moyennes enregistrées sur la période 1845-2000. A partir de cette hypothèse, la perte d'eau par interception aurait été proche de 210 mm au début du XIXème siècle, et atteindrait aujourd'hui environ 310 mm. Le tableau 16 indique pour information les pertes annuelles par les processus d'interception, exprimées en volume d'eau (en millions de m^3). Ces pertes passent ainsi de 83 Mm^3 en 1820 à 125 Mm^3 à la fin du XXème siècle. Indépendamment des variations pluviométriques interannuelles, la fermeture du paysage par la forêt, depuis le XIXème siècle, a engendré une diminution des apports en eau au niveau du sol d'environ 100 mm (ou 40 Mm³ d'eau à l'échelle du massif).

Tableau 16. Précipitations arrivant au sol sur le massif de la Chartreuse en 1820 et au cours du XXème siècle avec des précipitations incidentes supposées constantes (Pmoy = 1975 mm)

		1820	1900	1950	2000
en mm	Pluies incidentes moyennes			1975	
	Pluies moyennes arrivant au sol	1767	1693	1667	1664
	Interception (mm)	208	282	308	311
en millions de m³	Volume entrant			790	
	Volume d'eau arrivant au sol	707	677	667	665
	Interception				
	Hêtraie-sapinière	30	36	41	45
	Hêtraie	36	22	12	8
	Résineux	18	55	70	72
	Total	83	113	123	125

e - Conclusion

• *Une meilleure connaissance du cycle de l'eau*

La forêt est un élément primordial du massif de la Chartreuse, aussi bien du point de l'économie que de l'écologie du paysage. Sur le massif de la Chartreuse, les résultats permettent déjà d'apprécier un peu mieux l'influence sur le cycle de l'eau de la forêt et de son extension sur plus d'un siècle. Ces travaux soulignent que les forêts, par les influences qu'elles exercent sur le cycle de l'eau, diminuent en quantité la ressource en eau des bassins versants. En effet, cette eau interceptée est en grande partie soustraite du cycle hydrique. Il semble qu'une très faible proportion de l'eau interceptée soit absorbée par le couvert végétal, et que la plus grande partie de l'interception soit évaporée (Aussenac, 1975 et 1981). D'ailleurs, les études actuelles montrent que la majeure partie de l'interception doit être considérée comme une perte dans le bilan hydrique (Boulangeat, 1978 ; Bultot *et al.*, 1990 ; Carlyle-Moses, 2004 ; Pieffer *et al.*, 2005). Certes, le pouvoir évaporant d'un couvert forestier dépend d'un grand nombre de paramètres, intervenant dans une synergie complexe. Elle résulte de l'interaction de nombreux facteurs : l'influence de l'essence, la capacité de saturation du feuillage, le degré de défoliation, le ruissellement le long des troncs, la distribution spatiale, le type de précipitation et la saison. La combinaison de tous ces facteurs, et leur interrelation, détermine la quantité d'eau parvenant finalement au sol. Aussi, la relation entre l'interception et l'écoulement n'est pas toujours simple en milieu forestier. L'écoulement est tout autant tributaire des entrées d'eau que du fonctionnement des réserves hydriques, de sa plus ou moins forte sollicitation par le réseau racinaire et de la régulation de la transpiration par la végétation arborée. La connaissance de cette interception reste néanmoins très importante si l'on cherche à évaluer le renouvellement de la ressource en eau des aquifères et éventuellement à optimiser la gestion de cette ressource. Ou encore, si l'on souhaite apprécier le lien, parfois modélisé avec des algorithmes complexes, entre les entrées d'eau et les écoulements de surface.

• *L'interception des pluies sur le massif de Chartreuse*

En transposant les mesures ponctuelles conduites sur un site expérimental, l'étude conduite permet de quantifier et d'évaluer la part de l'interception des pluies par les trois grandes formations arborées composant le massif de Chartreuse. Il est certain qu'à partir d'un unique site expérimental, les valeurs ne sont qu'indicatives et ne donnent que des ordres de grandeur, qu'il sera par la suite utile d'affiner en multipliant les sites d'observation. En Chartreuse, lors d'un épisode pluvieux, la part des précipitations ne parvenant pas au sol en forêt, varie entre 4 et 89 % des pluies incidentes, en fonction de l'intensité des pluies journalières. À l'échelle d'une année, l'interception moyenne est d'environ 16 % par la hêtraie-sapinière, 20 % par la hêtraie, et 38 % par la pessière. Au total, sur une année, c'est une lame d'eau moyenne d'environ 300 mm par an qui serait interceptée par la forêt du massif de la Chartreuse, soit 16 % des précipitations météorologiques annuelles reçues sur l'ensemble massif. Les pertes actuelles par les processus d'interception représentent environ 125 Mm^3 par an sur l'ensemble du massif de Chartreuse (tableau 16). Dès lors, on comprend mieux que le bilan hydrologique puisse être modifié. Cette valeur, non négligeable, montre bien l'intérêt, dans les approches hydroclimatiques, d'une prise en compte de l'interception des pluies par la forêt, notamment sur ces espaces de moyenne montagne souvent fortement boisés. Pour établir un bilan hydrique, il faudrait également ajouter à cette perte l'importance de la transpiration des arbres sur l'évapotranspiration réelle de ces milieux forestiers. Un couvert forestier consomme en effet plus d'eau par les capacités d'extraction de l'eau par le réseau racinaire. La perte en eau produite par la couverture forestière pour l'écoulement hydrologique est donc issue d'une double composante, à la fois un renforcement de l'évapotranspiration réelle et une interception directe des pluies par le feuillage. La partie des précipitations interceptées par la canopée reste un élément essentiel du bilan hydrologique, mais les conséquences directes sur l'écoulement, ou les réserves en eau du sol, ne sont donc pas forcément aisées à appréhender (Cosandey et Robinson, 2000 ; Cosandey, 2006). D'un côté, l'interception réduit les entrées d'eau disponible pour le bilan hydrologique. De l'autre, une partie de l'énergie utilisée pour évaporer l'eau interceptée se déduit de celle disponible pour la transpiration, et favorise ainsi une moindre utilisation de la réserve hydrique (Morton, 1984, Peiffer *et al.*, 2005, Cosandey, 2006).

• *Évolution de l'interception depuis le milieu du XIXème siècle*

La connaissance de ces taux d'interception moyens des précipitations par la couverture arborée permet d'évaluer l'influence sur les ressources en eau de l'extension de la couverture forestière en Chartreuse depuis le milieu du XIXème siècle. L'extension de la couverture forestière en Chartreuse, depuis le milieu du XIXème siècle, a ainsi accru de presque 100 mm cette interception. Sur le massif de Chartreuse, les quantités d'eau reçues annuellement, avec environ 2000 mm par an, demeurent cependant considérables, et rendent encore peu perceptible cette augmentation du prélèvement en eau induite par ce processus d'interception et l'extension de la forêt depuis le milieu du XIXème siècle. Ces changements des quantités d'eau reçues au niveau du sol auraient pu devenir plus préoccupants s'ils avaient été conjugués à une diminution des précipitations. La chronique pluviométrique décrivant les pluies moyennes sur le massif ne dévoile pas une diminution des quantités reçues depuis le milieu du XIXème siècle. Les différentes études sur les changements climatiques dans les Alpes, ou dans des secteurs alpins, montrent également que les précipitations annuelles ne présentent pas de tendance significative (Schmidli *et al.*, 2002 ; Beniston, 2005 ; Rebetez et Reinhard, 2007 ; Durand *et al.*, 2009).

B - EVOLUTION ET DYNAMIQUE ACTUELLE DU LAC LAUVITEL

Pour évaluer son évolution récente, et sa dynamique, il est nécessaire de tenter de construire un bilan hydrologique du lac. La résolution du bilan nécessite la détermination des eaux susceptibles d'alimenter le lac par écoulement torrentiel. Ces torrents ne sont pas suivis actuellement. Ces prochaines années, il sera nécessaire d'installer des stations hydrologiques. Le débit cumulé de ces différents torrents peut cependant être déduit du bilan hydrologique. Pour que le bilan soit équilibré à l'échelle journalière ou mensuelle, on doit pouvoir trouver un volume d'eau apporté par l'ensemble des torrents, que l'on peut calculer ainsi :

$Q = E + I + \text{Stock} - P$ *(avec des valeurs en m^3/j)*

P	précipitations reçues sur le plan d'eau (solides ou liquides)
Q	apports torrentiels des affluents
E	perte par évaporation du plan d'eau
I	infiltration
+/-Stock	volume d'eau contenu ou perdu par le lac

Mais, si l'on veut par la suite pouvoir simuler et modéliser les variations du lac, il est nécessaire de chercher à apprécier ces écoulements torrentiels indépendamment du bilan hydrologique. De même, si l'on veut par la ensuite comprendre l'évolution du lac, et l'influence respective des différents paramètres, il est nécessaire d'aborder le bilan avec des variables calculées le plus possible séparément. L'absence d'études et de mesures précises sur les différents torrents rend cette estimation encore délicate. En revanche, la lame d'eau écoulée, consécutive aux pluies et à la fusion nivale, est maintenant relativement bien cernée sur l'ensemble du bassin versant du Lauvitel (modèle degré-jour). Or, les volumes d'eau apportés par la totalité des torrents affluents du lac sont étroitement liés à cette lame d'eau. Il est donc envisageable d'estimer les écoulements torrentiels à partir de la lame d'eau.

Pour ce faire, plusieurs méthodes et modèles ont été testés. Les approches ou modèles hydrologiques utilisés au pas de temps mensuel se sont avérés relativement peu performants. Ils traduisent sans doute assez mal les réponses hydrologiques qui s'opèrent rapidement sur un petit bassin montagnard de 15 km². Ils pourront cependant par la suite, moyennant des adaptations, être intéressants à utiliser. Le modèle GR4J, modèle du Génie Rural à 4 paramètres Journaliers (Perrin et al., 2003), a été retenu pour cette étude. C'est un modèle pluie-débit global. Son développement a été initié au CEMAGREF au début des années 1980, en vue d'utilisations pour des applications de gestion de la ressource en eau et d'ingénierie (dimensionnement d'ouvrage, prévision des crues et des étiages, gestion de réservoirs...). Il a connu plusieurs versions, proposées successivement par Edijatno et Michel (1989), Edijatno (1991), Nascimento (1995), Edijatno et al. (1999), Perrin (2000), Perrin (2002) et Perrin et al. (2003) qui ont permis d'améliorer progressivement les performances du modèle. C'est la version de Perrin et al. (2003) qui est utilisée ici. Cette dernière version a été fondée suite à une étude comparative de 38 modèles journaliers. Sur ces 38 modèles, le modèle GR4J est l'un des plus performants.

C'est un modèle empirique, sa structure l'apparente à des modèles « conceptuels à réservoirs », avec une procédure de suivi de l'état moyen d'humidité du bassin qui permet de tenir compte des conditions antérieures et d'en assurer un fonctionnement en continu. Sa structure associe un réservoir de production (X1) et un réservoir de routage (X3). Nous avons calé ces paramètres à partir du débit cumulé des torrents affluents estimé à partir du bilan hydrologique (figure 44).

Le modèle reconstitue bien l'ensemble des variations journalières (figure 44). Sa reconstitution reste néanmoins plus ou moins performante selon les années. Le second pic de crue enregistré en 2006, et en 2008, est tout particulièrement mal apprécié. Avec les paramètres retenus, le coefficient de NASH du modèle est de 59 (indicateur de performance d'un modèle). Il montre qu'il est encore possible de l'améliorer. Une amélioration globale pourra se faire ces prochaines années, notamment en subdivisant le bassin du Lauvitel en plusieurs sous-bassins.

L'existence du lac et ses variations saisonnières dépendent donc d'un compromis subtil entre les apports hydriques et les infiltrations au niveau du barrage naturel avec des flux moyens annuels à hauteur de 12 Mm^3. Le volume du plan d'eau, inscrit entre 4 et 12 Mm^3, selon le niveau du lac, est d'ailleurs du même ordre de grandeur. C'est un volume relativement important pour un lac d'altitude, qui permet pour un temps une certaine compensation lors d'années moins arrosées. En 2007, par exemple, les pertes ont été légèrement inférieures aux apports engendrant un déficit de 1,32 Mm^3 dans le lac entre le début et la fin de l'année (figure 45).

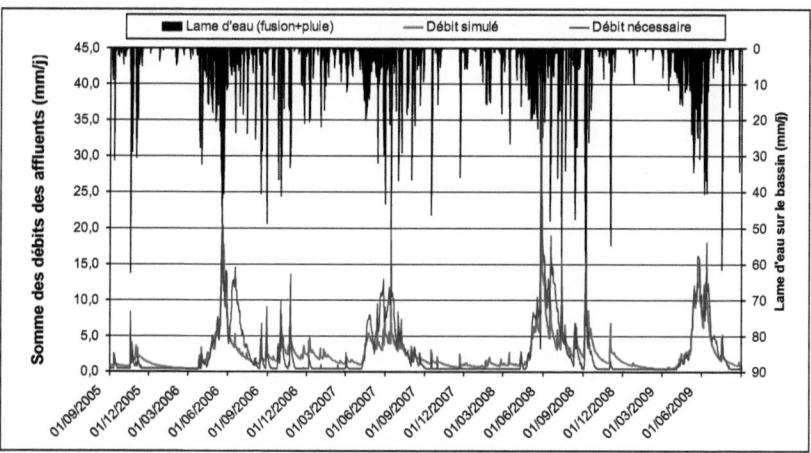

Figure 44. Evolution du débit journalier cumulé des torrents qui alimentent le lac Lauvitel, et estimation avec le modèle GR4J à partir de la lame d'eau calculée sur le bassin (modèle « degré-jour »)

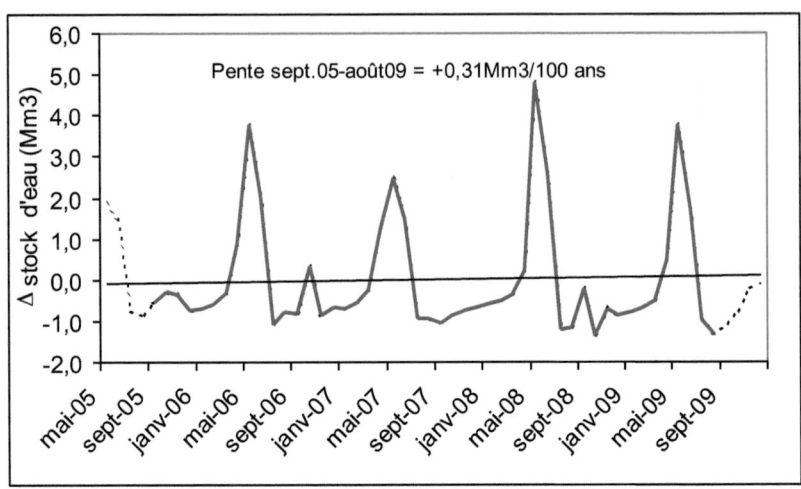

Figure 45. Evolution mensuelle des variations du stock d'eau mensuel depuis mai 2005. La tendance n'est pas véritablement significative (la période est trop courte), elle est calculée sur une période hydrologique complète allant de septembre 2005 à août 2009

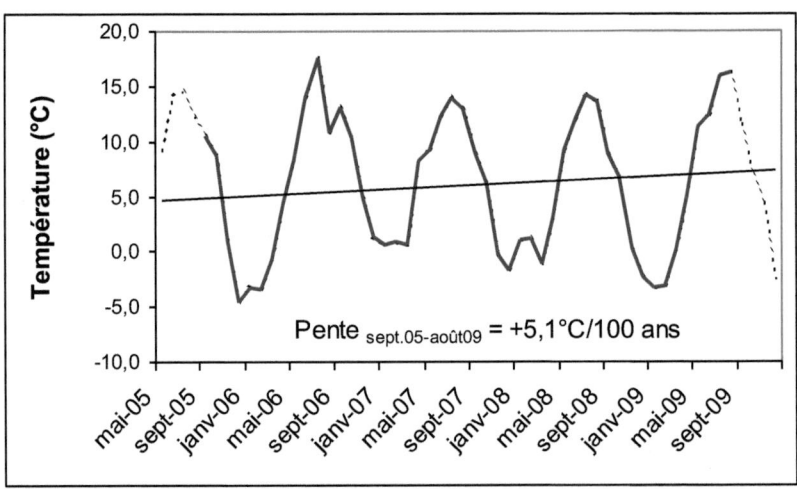

Figure 46. Evolution mensuelle des températures moyennes enregistrées à la station du Lauvitel

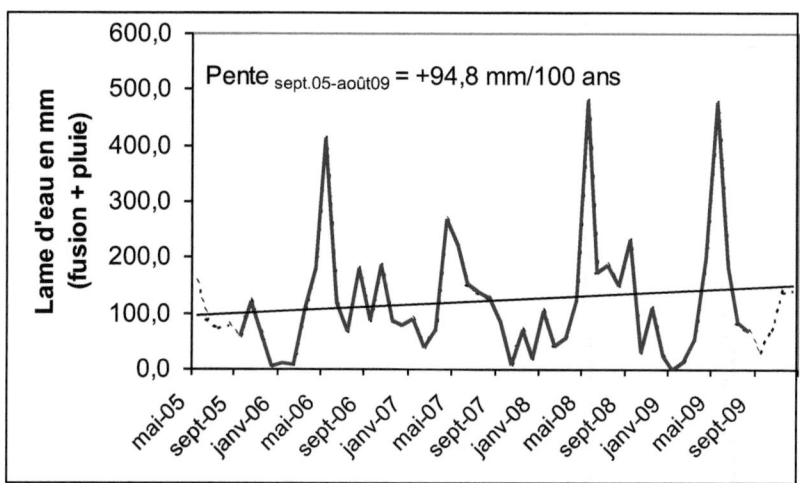

Figure 47. Evolution mensuelle de la lame d'eau, liée aux précipitations et à la fusion nivale, alimentant les torrents affluents du lac depuis mai 2005. La tendance est calculée sur un cycle complet allant de septembre 2005 à août 2009.

Même s'il est encore trop tôt pour dégager des évolutions significatives du régime lacustre (la série d'observations est encore courte), on peut cependant déjà noter une très légère remontée des variations mensuelles du stock d'eau depuis septembre 2005 (figure 47). Au fil des années, cette courbe sera complétée, et l'on pourra ainsi saisir un peu mieux les évolutions environnementales de cette région. Le Lauvitel pourra devenir un indicateur précieux des modifications environnementales s'opérant dans les Alpes, et plus particulièrement au sein du Parc des Ecrins.

Cette première approche, encore incomplète, du bilan hydrologique permet de mieux cerner le fonctionnement du Lauvitel, et de mieux comprendre son évolution actuelle. Dans le contexte des modifications climatiques observées actuellement, lorsque le fonctionnement du lac sera mieux connu, il sera possible, par exemple, déceler dans les évolutions hydrologiques du plan d'eau le rôle respectif des pluies et des températures (figures 45 et 46).

C - CONNAISSANCE DES FLUX SEDIMENTAIRES D'UN GRAND COURS D'EAU ALPIN ET EVALUATION DE L'EROSION

Avec des taux d'érosion spécifiques très élevés et une forte variabilité temporelle des concentrations, l'Isère demeure un témoin très intéressant du fonctionnement hydrosédimentaire des grands cours d'eau alpins. Avec l'évolution des paysages alpins, et des changements climatiques qui s'opèrent actuellement, il est également fondamental de pouvoir saisir sur plusieurs décennies les fluctuations de cette érosion. Au niveau de Grenoble, le transit de matières en suspension de l'Isère n'est observé en continu véritablement que depuis 1995. Aussi, il n'est pas forcément évident de pouvoir connaître ce phénomène sur une période antérieure. Dans les Alpes, il n'existe encore dans ce domaine que peu de données continues et relevées sur une décennie.

Afin de cerner l'évolution des flux annuels ou mensuels sur une période pluri-décennale, il convient dans un premier temps de définir les variations mensuelles et interannuelles sur la période couverte par les mesures de ces flux de MES et de MDT. La régularité et le nombre important d'échantillons analysés, plus de 7200 au total, permettent d'assez bien cerner les flux journaliers de MES, de MDT, et d'obtenir ainsi des valeurs mensuelles et annuelles robustes et significatives. A partir de ces relevés réguliers et continus, l'objectif est donc dans un premier temps de quantifier, aux pas temps mensuel et annuel, les flux et la quantité de sédiments de l'Isère exportés dans une année moyenne. Même si « *l'année moyenne est précisément celle qui ne se réalise jamais* », comme le soulignait déjà dans sa thèse consacrée au climat des Alpes françaises, dans une phrase devenue célèbre, E. Bénévent (1926), il reste toujours utile de comprendre les variations saisonnières et d'évaluer les flux annuels moyens. Il est vrai cependant que la variabilité interannuelle de ces flux reste très forte, et tout particulièrement pour le flux de matière en suspension. Variabilité que l'on comprend aisément à l'observation des taux de concentration de MES qui fluctuent annuellement dans un rapport de 1 à 1000, en l'espace de quelques jours, voire quelques heures. Le transit annuel de MES est, par exemple, très supérieur à celui de MDT lors des années connaissant des crues importantes. L'exportation de matière dissoute reste cependant considérable et traduit bien l'importance des processus de dissolution au sein du bassin.

Dans un second temps, et sur la base de cette connaissance, il est possible d'apprécier l'évolution de ces transits sédimentaires depuis 1960. Il n'existe pas au niveau de Grenoble des données journalières antérieures à cette date. Afin de pouvoir cerner l'évolution des transits sédimentaires sur plusieurs décennies, les données de la station hydrologique du centre-ville de Grenoble (W141.010), située un peu plus à l'aval que celle de Grenoble-Campus, ont été utilisées, car les observations sont les plus longues et commencent en 1960.

a - Evaluation des flux de matières dissoutes

Les prélèvements sont effectués dans la zone de traitement des eaux usées de l'agglomération grenobloise, en amont de la station d'épuration et à une dizaine de kilomètres en aval de la limite de cette zone, ce qui réduit une éventuelle influence des apports anthropiques sur les mesures de la matière dissoute. Par ailleurs, les flux spécifiques journaliers de MDT, calculés à partir de prélèvements non continus depuis 1971 (Agence de l'Eau Rhône-Méditerranée et Corse), présentent des valeurs et des variations sensiblement identiques à Pontcharra (station 141.000), située à 40 km à l'amont de Grenoble, à Grenoble et à Tullins, située 30 km à l'aval de Grenoble (station 147.130).

Les flux spécifiques de MDT, observés à Pontcharra et à Tullins, sont analogues à ceux observés à Grenoble, avec une moyenne annuelle inscrite entre 0,70 t.km^{-2}.j^{-1} et 0,75 t.km^{-2}.j^{-1}. Cette similitude des valeurs dans l'espace et dans le temps tend à montrer une influence réduite des apports anthropiques, qui seraient sinon vraisemblablement localisés et irréguliers.

De 2000 à 2005, la concentration journalière totale de l'Isère en minéraux dissous est comprise entre 186 et 509 mg.L^{-1}. L'évaluation de ces concentrations totales traduit essentiellement l'extension, dans le bassin, des roches carbonatées (schistes lustrés, calcaires, dolomies), et des roches sulfatées (gypses). Ainsi, les analyses géochimiques des matières dissoutes à Grenoble, conduites par le Service Eau de la D.D.E., montrent la part majoritaire des carbonates, avec plus de 54 % de la composition chimique des eaux, puis des sulfates, avec 36 à 37 % des éléments dissous (tableau 17).

Tableau 17. Débit instantané (m^3.s^{-1}) et concentration des sels dissous (mg.L^{-1}) de l'Isère à Grenoble centre-ville (station 142.000) et à Grenoble campus (station 141.900). Données : Agence de l'Eau Rhône-Méditerranée et Corse.

		Débit	SO4--	HCO3-	Ca++	Mg++	Cl-	Na+	NO3-	K+	PO4
Grenoble-ville	Valeur min	75	105	119	74	5,8	7,0	4,8	1,0	0,8	0,01
(station 142 000) :	Valeur max	245	200	180	100	21,0	17,0	14,0	3,4	2,0	0,90
13 observations entre	Moyenne	130	153,6	136,6	88,8	12,4	11,5	8,9	2,1	1,2	0,26
1971 et 1981	%		37,0%	32,9%	21,4%	3,0%	2,8%	2,1%	0,5%	0,3%	0,06%
Grenoble-campus	Valeur min	80	68	98	50	3,1	5,3	3,9	1,1	0,8	0,03
(station 141.900) :	Valeur max	293	223	195	116	42,2	17,0	11,8	3,9	1,7	0,47
observations entre	Moyenne	147	150,4	141,2	90,0	13,0	10,9	7,0	2,4	1,2	0,15
1987 et 2002	%		36,1%	33,9%	21,6%	3,1%	2,6%	1,7%	0,6%	0,3%	0,04%

Ces compositions chimiques ne sont cependant qu'indicatives, car elles sont issues de prélèvements non continus, et mal répartis sur une année moyenne, puisque, par exemple, sur les 43 échantillons retenus, 18 se placent en février-mars, et 17 en septembre. Or, les concentrations totales, de 330 mg.L^{-1} en moyenne sur une année (tableau 18), présentent une fluctuation saisonnière qui imposerait, en toute rigueur, pour obtenir des valeurs caractéristiques, un suivi relativement régulier de la composition chimique des eaux. C'est pendant la période des basses eaux que les concentrations mensuelles moyennes sont maximales (en décembre, 378 mg.L^{-1}), du fait d'une dilution moins importante des matières dissoutes. A l'inverse, la période des hautes eaux marque une baisse des concentrations (en mai, 268 mg.L^{-1}). Si l'exportation des matières dissoutes reste largement tributaire de l'écoulement (Martin, 1987), la relation inverse des concentrations moyennes avec les débits atténue les variations saisonnières des flux de MDT. Ainsi, sur la période 2000-2005, la variation saisonnière des écoulements est de 2,2, contre une variation de 1,7 pour les flux mensuels moyens de MDT (tableau 19).

Tableau 18. Régime saisonnier des concentrations des matières dissoutes (données 2000-2005)

	Q moy (m³/s)	Concentration journalière en MD (mg/L)				Flux moyen (tonnes)
		moyenne	C10	C50	C90	
Janvier	142	358	295	369	406	130 489
Février	134	356	280	364	433	114 529
Mars	175	333	268	329	395	151 143
Avril	172	334	271	334	392	144 493
Mai	255	268	227	267	309	178 229
Juin	250	261	220	260	296	164 530
Juillet	165	306	224	309	363	128 908
Août	141	320	271	318	377	116 922
Septembre	119	341	290	339	396	102 446
Octobre	132	342	284	346	398	116 881
Novembre	131	358	303	365	399	116 440
Décembre	112	378	342	373	416	113 518
Année	161	330	256	333	396	1 577 788

Tableau 19. Régime saisonnier des flux spécifiques des concentrations des MDT de l'Isère à Grenoble (données D. Dumas, 2000-2005)

	Q moy (m³/s)	Flux spécifique journalier (T/km²/j)			Flux spécifique annuel (rapporté en T/km²/an)				
		moy	C50	max	moy	C10	C50	C90	max
Janvier	142	0,74	0,75	2,42	269	147	272	365	883
Février	134	0,71	0,72	1,13	258	174	262	331	412
Mars	175	0,85	0,79	2,55	310	206	289	416	929
Avril	172	0,84	0,82	1,47	307	224	297	421	537
Mai	255	1,01	0,97	1,75	367	277	355	483	639
Juin	250	0,96	0,92	1,65	350	264	335	460	602
Juillet	165	0,73	0,71	1,24	265	195	260	362	451
Août	141	0,66	0,63	1,58	241	172	231	309	578
Septembre	119	0,60	0,59	1,04	218	153	216	283	380
Octobre	132	0,66	0,61	1,97	241	142	223	354	720
Novembre	131	0,68	0,61	1,55	248	150	222	377	565
Décembre	112	0,64	0,64	1,34	234	136	233	350	489
Année	161	0,76	0,73	2,55	276	170	267	389	929

Sur la période 2000-2005, les mesures permettent de définir le régime du transport de matière dissoute par les quantiles des distributions statistiques des MDT pour chaque mois de l'année (tableaux 18 et 19). Les concentrations et les flux de MDT montrent, quel que soit le quantile observé, une grande stabilité de ces paramètres et la relative indigence des variations saisonnières, toujours inférieures à 2 ordres de grandeur. Sur la période étudiée, l'érosion fluviatile moyenne issue des processus chimiques est donc estimée à 1,58 Mt.an^{-1}. Mensuellement, le transit moyen d'éléments dissous oscille entre 0,1 et presque 0,2 Mt.an^{-1}. L'exportation de matière dissoute est donc considérable, ce qui traduit l'importance des processus de dissolution au sein du bassin.

b - Évaluation des flux de sédimentaires

• *Biais dans les évaluations consécutifs aux actions humaines*

Dans les estimations du transit sédimentaire, les études à partir de prélèvements réguliers, et *a fortiori* à partir d'extrapolation de mesures ponctuelles avec des relations du type MES = f(Q), mettent rarement en avant les perturbations engendrées par des actions anthropiques ponctuelles et conduites directement sur le cours d'eau (entretiens, constructions de berges, aménagements divers affectant un cours d'eau...). Ces actions ponctuelles dans le temps ne sont pas de même nature que des modifications structurelles du bassin, liées d'une manière directe ou indirecte aux activités humaines -déforestation, reforestation, incendie, modification d'usage du sol, agriculture, urbanisation, etc.- , qui engendrent souvent des variations plus durables des flux sédimentaires, et dont la cause (voire les causes) peut être alors comprise, voire évaluée (Walling, 2000 ; Meybeck, 2001).

Il apparaît dès lors peu judicieux de chercher à établir coûte que coûte des relations entre les concentrations, les flux de MES et les débits liquides lorsque ces impacts deviennent prépondérants sur le transit sédimentaire d'un cours d'eau. Ainsi, les travaux engagés dès 1994 pour la construction de l'autoroute de la Maurienne, dans la vallée de l'Arc, avec le confortement des digues et la construction d'ouvrages d'art (notamment les viaducs d'Aiton, de Saint André et d'Escalade) ont perturbé l'appréciation des flux sédimentaires quotidiens durant l'année 1995. Tout particulièrement en 1994, et en 1995, où les travaux se sont concentrés sur la zone aval de la vallée de l'Arc, non loin de la confluence avec l'Isère. Par exemple, c'est entre le 1er et le 4 juin 1995, à l'occasion d'une crue ayant remobilisé un stock sédimentaire généré par ces travaux, que les flux quotidiens de MES maximaux ont été mesurés, avec 370 000 à 430 000 tonnes de sédiments évacués par jour (flux spécifique de 65 à 76 t.km^{-2}.j^{-1}). Dans une toute autre proportion, sur l'Isère, des travaux importants d'aménagement des digues, à environ 1 km en amont des prélèvements d'eau (commune de Gières), de janvier 2005 à juillet 2006, ont très fortement perturbé les mesures. Ces travaux en effet, sur près de 2300 m, ont fortement facilité le déstockage de sédiments par la création d'une piste temporaire, au pied de la digue, réalisée à partir des bancs de graviers et de limons directement prélevés à même hauteur, dans le lit. Ainsi, la concentration moyenne journalière la plus élevée (Cmj), observée depuis la mise en place des capteurs, avec plus de 15,5 g.L^{-1} en moyenne sur la section (flux spécifique de 28,9 t.km^{-2}.j^{-1}), se place justement le 18 avril 2005. Cette année-là, les flux de sédiments observés sont pour l'essentiel directement consécutifs à ces perturbations anthropiques, engendrant un transit annuel supérieur d'environ 7,5 Mt à ce que l'on pouvait attendre (voir tableau 22). En 1995 et 2005, les flux de sédiments mesurés (de 5,7 et 8,1 Mt.an^{-1}) sont pour l'essentiel consécutifs à des perturbations anthropiques, engendrant des transits annuels anormaux (voir figure 48). L'année 1995 enregistre ainsi un flux sédimentaire nettement supérieur à la « normale », probablement de plus de 2,5 Mt par rapport à un transit annuel qui n'aurait pas été perturbé par l'action de l'homme (voir tableau 22). Pour ces différentes raisons, et afin de dégager les caractéristiques mensuelles ainsi que le régime saisonnier du transport en suspension de l'Isère (Meybeck, 2001 ; Meybeck *et al.*, 2003), les années 1995 et 2005 ont été écartées des statistiques mensuelles et annuelles. Sur la période 1996 - 2004, la moyenne, les déciles et la médiane des concentrations, ainsi que les flux moyens, calculés à partir des valeurs quotidiennes, permettent assez bien de caractériser le régime du transport sédimentaire de l'Isère.

• *Régime saisonnier des flux sédimentaires*

La variabilité saisonnière des flux sédimentaires est en accord relatif avec le régime nivo-pluvial de l'Isère. Si le régime des concentrations apparaît à partir des moyennes (indice de variation mensuelle de 4,2), il est encore plus marqué sur les déciles supérieurs où les écarts mensuels sont davantage accentués (indice de variation mensuelle de 5,9). En revanche, le flux spécifique moyen, avec un pic en mai et un pic secondaire en mars, caractérise moins bien ce régime, étant trop tributaire de transferts sédimentaires liés à des crues. Il est certain que des journées avec des flux de près de 63 t.km^{-2}.j^{-1} (la seule journée du 14/01/2004 enregistre un flux équivalent à 23 000 t.km^{-2}.an^{-1}) vont influencer inévitablement les moyennes mensuelles. Le débit solide spécifique maximum, directement lié à des périodes de crue, explique 47 % de la variation du débit solide mensuel moyen alors que les déciles ou la médiane sont plus indépendants de ces extrêmes. Ces derniers sont moins dominés par ces évènements extrêmes, qui de surcroît sont eux-mêmes indépendants des rythmes saisonniers : les trois grandes crues observées se placent ainsi en mai, mars et janvier.

Tableau 20. Régime saisonnier des débits et du transport de MES pour la période 1996 à 2004 (station du campus de Grenoble)

	Q moy m^3/s	Concentration journalière MES (mg/L)			Flux moyen (tonnes)	Flux spécifique (T/km²/j)				
		moy	C10	C50	C90		moy	C10	C50	C90	max
Janvier	141,2	125,0	29,8	62,4	162,5	91 481	0,516	0,05	0,13	0,44	62,97
Février	134,2	90,4	34,3	61,4	143,3	36 705	0,229	0,05	0,12	0,33	7,50
Mars	161,5	244,6	37,9	79,6	337,6	208 566	1,176	0,06	0,18	1,06	52,46
Avril	169,9	178,4	49,2	107,8	362,9	97 780	0,570	0,09	0,25	1,28	7,18
Mai	265,4	367,1	69,2	185,2	848,6	366 330	2,066	0,19	0,62	5,07	39,57
Juin	257,1	383,1	95,1	203,3	804,9	294 333	1,715	0,28	0,76	4,19	22,41
Juillet	180,9	199,5	71,0	124,0	323,1	113 220	0,639	0,14	0,32	1,07	26,89
Août	141,0	235,9	71,8	144,5	433,7	95 356	0,538	0,13	0,30	1,14	7,99
Septembre	125,5	165,7	61,4	123,5	256,1	56 342	0,328	0,10	0,24	0,63	6,13
Octobre	140,6	148,6	56,9	109,2	270,2	60 515	0,341	0,09	0,20	0,64	3,39
Novembre	147,9	151,8	46,2	86,5	254,8	66 057	0,385	0,07	0,17	0,71	2,52
Décembre	134,2	125,4	43,9	92,8	195,6	56 753	0,320	0,07	0,15	0,44	19,62
Année	166,6	201,3	46,2	108,7	367,5	1 543 438	0,739	0,08	0,24	1,25	62,97

C10, C90, C50 : déciles et médianes des concentrations journalières et des flux spécifiques journaliers de MES. Comme le flux moyen, ils sont calculés à partir des données moyennes journalières.

Les médianes et les déciles supérieurs sont donc souvent plus pertinents pour décrire le transit sédimentaire. Ils montrent eux aussi une forte variabilité saisonnière des transits sédimentaires, avec un rapport maximal de 6,5 pour les médianes, et de 15,4 pour les déciles supérieurs (tableau 20 : 0,3 à 5,1 t.km^{-2}.j^{-1}, soit un transit mensuel passant de 0,05 à 0,9 Mt.mois^{-1}). Les déciles supérieurs très élevés en mai et en juin montrent clairement l'importance de la fusion nivale dans la production sédimentaire.

Comme sur la plupart des cours d'eau (Walling *et al.*, 1982 ; Walling *et al.*, 1992 ; Serrat, 1999 ; Serrat *et al.*, 2001, Pont *et al.*, 2002 ; Meybeck *et al.*, 2003), les grandes crues de l'Isère sont les évènements qui marquent l'essentiel de son transit sédimentaire annuel. Les prélèvements bi-quotidiens permettent de suivre d'une manière assez fine l'évolution et les quantités de matière en suspension évacuées lors de ces évènements. Depuis 1996, trois crues d'une période de retour égale ou légèrement supérieure à 10 ans ont été observées à Grenoble : en mai 1999 (Qmax = 809 $m^3.s^{-1}$), en mars 2001 (Qmax= 875 $m^3.s^{-1}$) et en janvier 2004 (Qmax = 750 $m^3.s^{-1}$). Avec respectivement un transit de plus de 1 million de tonnes, en dix jours, pour les deux premières, et d'un demi-million de tonnes, en quatre jours, pour la troisième, ces trois crues soulignent parfaitement l'importance de ces épisodes. Lors de ces trois crues, toujours sur les mêmes durées, sont évacués respectivement 34%, 39% et 30% du tonnage annuel (de 3,2 Mt en 1999 ; 3,0 Mt en 2001 et 1,7 Mt en 2004) pour 1,3%, 5,4% et 3,3% des volumes annuels écoulés. Les crues imposent ainsi un suivi de la MES relativement régulier et soulignent le caractère un peu illusoire des évaluations de transfert des sédiments basées sur des prélèvements d'eau trop distants dans le temps ou trop peu nombreux dans l'année.

Les courbes de durée ou « duration curves » (Meybek *et al.*, 2003) permettent de saisir l'importance de ces évènements et ainsi de mieux cerner le régime sédimentaire l'Isère (figure 48). Hormis les années 1995 et 2005, les courbes sont toutes relativement similaires, en quelque sorte « empilées » les unes sur les autres, et restent toutes inscrites dans le biseau limité par les années 2000 et 2004 (figure 48). En 30 jours, soit une durée d'environ 8% d'une année, plus de la moitié du transit sédimentaire annuel est généralement évacuée par l'Isère (entre 44% et 71% selon les années, et 55% en moyenne). Ces valeurs rejoignent en partie, en les complétant, les estimations de Meybeck fournies pour la zone rhône-alpine (Meybeck, 2001). Ces courbes montrent également le caractère particulier des années 1995 et 2005, et offrent ainsi un outil supplémentaire de détection d'un éventuel transit contrôlé avant tout par des interventions sur les berges ou sur la périphérie immédiate du cours d'eau. L'importance des flux lors de ces évènements favorise une grande variabilité interannuelle des exportations annuelles de matière en suspension.

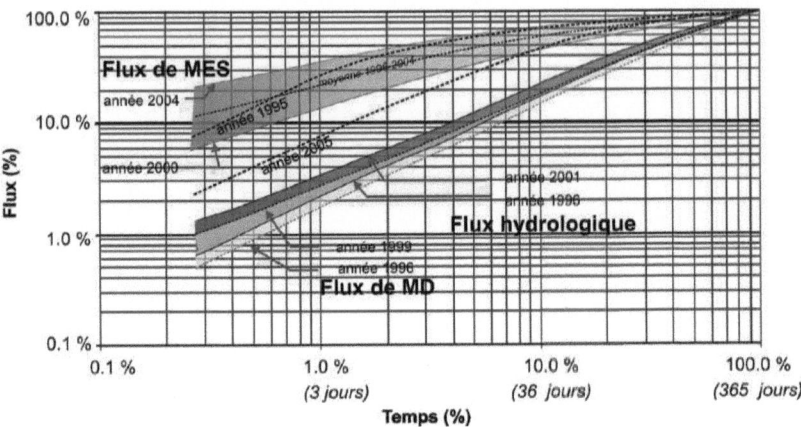

Figure 48. Courbes enveloppes de durée annuelle (station campus Grenoble) : pourcentage du temps nécessaire pour évacuer une quantité du flux hydrologique, des flux annuels de matières dissoutes et particulaires. Pour la période 1996-2004, toutes les courbes sont « empilées » les unes sur les autres, et inscrites dans trois enveloppes graphiques définies pour chacun des éléments. Les courbes de durée annuelle des flux de MES, des années 1995 et 2005, montrent bien les caractéristiques particulières de ces deux années.

c - **Modélisation et extension temporelle des observations**

• *Les flux de matières dissoutes*

Les mesures de la concentration en éléments dissous ont été amorcées à partir de septembre 1999. Nous disposons donc de 6 années consécutives pendant lesquelles les données journalières peuvent être analysées. Afin de les combiner aux observations de MES débutant en 1995, et de cerner les évolutions pluriannuelles du transit de matière dissoute, il était intéressant de tenter de reconstituer les concentrations de MDT sur une période plus longue. Un modèle, ajusté aux concentrations journalières moyennes de

MDT (MDTj) et aux débits journaliers moyens (Qj), a été établi (Dumas, 2008). Une relation de type exponentiel permet de reconstituer d'une manière assez fiable, les flux de MDT sur la période pour laquelle des mesures de MES ont été effectuées, puis sur une période plus longue. Cette relation souligne le régime en dilution des concentrations de l'Isère. La relation établie est de la forme (équation 2, figure 49) :

MDTj = 1411,6 Qj $^{-0,2947}$ r = 0,75   (équation 2)

En appliquant l'équation 2, il est possible de reconstituer les concentrations journalières depuis 1995, lorsque débutent les mesures de MES (lacunes de 1995 à 2000), et même depuis 1960 quand les enregistrements des débits journaliers de l'Isère débutent (figure 50).

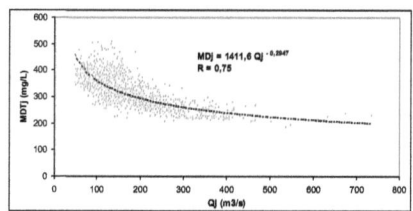

Figure 49. Relation des concentrations journalières de MDT avec les débits journaliers
(station du campus-Grenoble, observations sur la période 2000-2005)

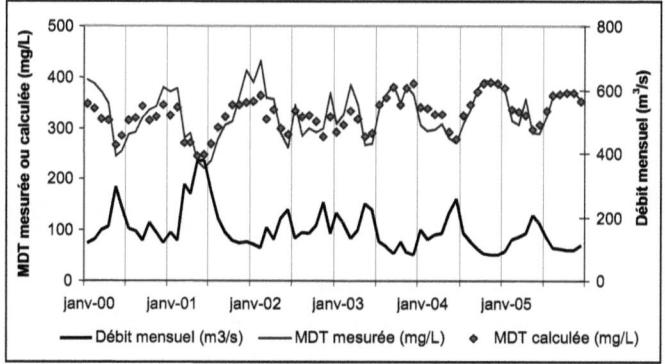

Figure 50. Variation mensuelle des concentrations de MDT de l'Isère à Grenoble et des débits, de 2000 à 2005 (débits : Banque Hydro)

Sur la période mesurée, la charge totale annuelle moyenne dissoute est alors de 327 mg.L^{-1} avec les valeurs reconstituées, contre 330 mg.L^{-1} obtenus à partir des mesures quotidiennes (figure 50). A l'échelle annuelle, les concentrations et les flux de MDT calculés présentent des écarts avec les valeurs mesurées qui ne dépassent pas respectivement 13 mg.L^{-1} et 51 000 t.an^{-1} (figures 50 et 51).

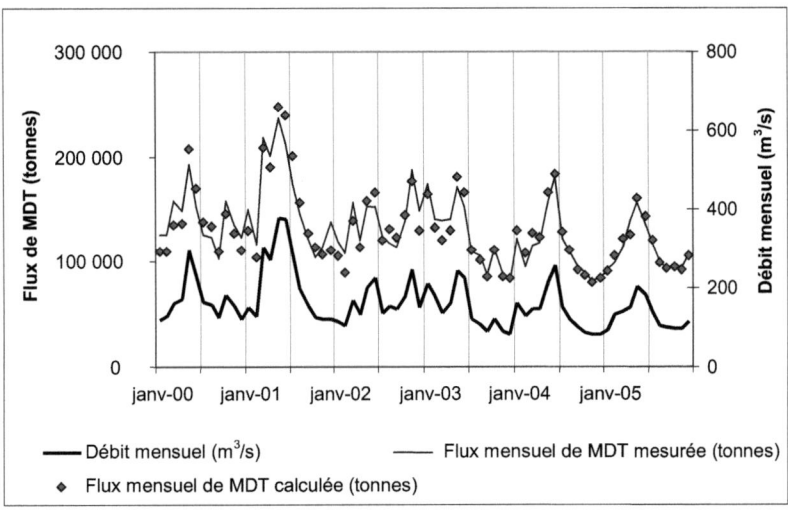

Figure 51. Variation mensuelle des flux de MDT de l'Isère à Grenoble et des débits, de 2000 à 2005

Sur la période 1995-2005, l'évaluation du transfert annuel moyen des substances dissoutes est de 1,6 Mt.an^{-1}, pour un débit annuel moyen de 170 m3.s^{-1} (tableau 21).

Le transit moyen de matériaux dissous est légèrement supérieur, avec 1,7 Mt.an^{-1}, sur la période 1960 à 2005, mais reste dans la même gamme de valeur (figure 52). Au-delà, des coefficients de corrélation élevés, ces différentes estimations apparaissent relativement robustes puisqu'aux échelles mensuelle et annuelle, le transit de MDT reste toujours fortement tributaire des écoulements. D'ailleurs, le solidigramme mensuel est relativement semblable à l'hydrogramme. En outre, à l'échelle annuelle, ces estimations sont facilitées par la faiblesse de la variabilité interannuelle de ces flux dissous, d'un rapport inférieur à 2. L'effet amplificateur des crues sur l'exportation de matériaux, jouant pleinement sur le transport solide de MES, n'est guère opérant sur le transport dissous.

Tableau 21. Concentration et flux de MDT annuels de l'Isère à Grenoble mesurés et calculés à partir du modèle journalier

Année	Module (m³/s)	Concentration de MD (mg/L)		Flux de MD (tonnes)		Flux spécifique MD (T/km²/an)	
		mesurée	calculée	mesuré	calculé	mesuré	calculé
1995	235		296		2 040 773		357
1996	145		332		1 480 019		259
1997	148	pas de mesures	334	pas de mesures	1 485 392	pas de mesures	260
1998	158		325		1 563 722		273
1999	213		302		1 910 748		334
2000	168	330	319	1 672 719	1 634 355	292	286
2001	218	306	303	1 934 682	1 936 088	338	338
2002	163	331	321	1 641 234	1 599 328	287	280
2003	147	341	335	1 501 873	1 476 013	263	258
2004	140	329	342	1 372 641	1 423 399	240	249
2005	129	340	344	1 343 577	1 354 303	235	237
Moy. 2000-2005	**161**	**330**	**327**	**1 577 788**	**1 570 581**	**276**	**275**
Moy. 1995-2005	**170**		**323**		**1 627 649**		**285**

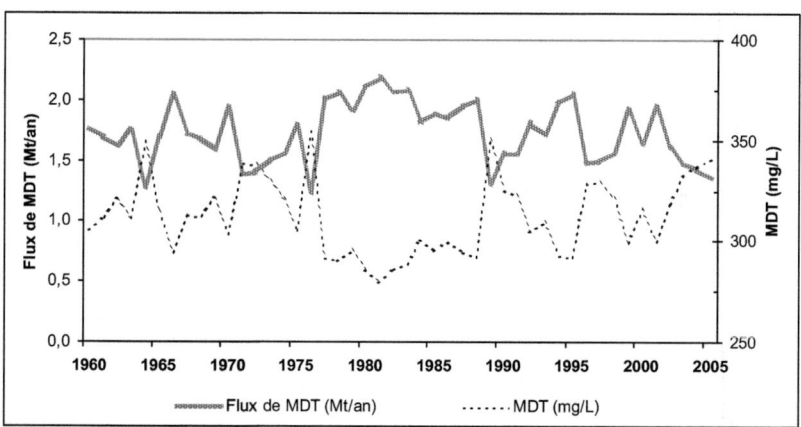

Figure 52. Variation annuelle des flux de MDT et des concentrations calculées depuis 1960

• *Les flux de matières en suspension*

Afin de pouvoir combler les lacunes (septembre à décembre 1998) et obtenir une estimation des transits sédimentaires sur une période plus longue, il est nécessaire de trouver une relation entre les flux de MES et les débits liquides. Les relations du type MES = aQ^b, systématiquement utilisées dans les études (Eisma, 1993 ; Bravard et Petit, 1997 ; Meddi, 1999 ; Pont *et al.*, 2002 ; Antonelli, 2002), sont, sauf exceptions, médiocrement établies sur les données journalières de l'Isère, et même si l'on cherche à mensualiser ces relations ou à les saisonnaliser. Les hystérésis de crue, souvent orthogrades, l'expliquent pour une bonne part, avec une montée des eaux qui s'accompagnent d'une remise en suspension plus efficace des sédiments déposés lors de la crue précédente (Walling *et al.*, 1982, Meybeck 2001, Serrat *et al.*, 2001 ; Droux *et al.*, 2003).

Au-delà des évènements de crue, l'utilisation de relevés systématiques, dont la périodicité est grande, favorise l'apparition d'une multiplicité de cas de figures, des hystérésis de crue variées, des conditions du bassin multiples avant les crues. Aussi, la relation non univoque, entre les concentrations journalières et les débits observés, n'a rien de surprenant sur un bassin versant relativement vaste, et de surcroît sur un cours d'eau alpin, où les mécanismes d'apport sédimentaire, les zones contributives, les conditions du bassin avant les crues fluctuent considérablement au cours du temps et échappent même, en partie, à l'empreinte saisonnière.

De nombreuses méthodes ont été testées pour étendre les observations sur une période plus longue. Nous en avons retenu deux, qui présentent le double avantage d'une grande simplicité et d'une estimation de qualité. La première utilise les données annuelles et permet donc de reconstituer des concentrations, et des flux de MES, uniquement à l'échelle annuelle (Dumas, 2008a). La seconde reconstitue les modulations saisonnières en intégrant des débits mensuels et, lorsque c'est nécessaire, les débits journaliers (Dumas, 2007).

– *modèle annuel*

Il est possible de cerner assez convenablement le transit de MES (Qsa, en Mt.an^{-1}) à partir de l'écoulement annuel (Qa, en m^3.s^{-1}), avec la relation linéaire suivante (équation 3) :

Qsa = 0,0276 Qa – 3,0531   r = 0,88   (équation 3)

Sur la période 1996 à 2004, le flux moyen de MES mesuré est d'un peu plus de 1,54 Mt.an^{-1}, soit un flux spécifique de 271 t.km^{-2}.an^{-1}. A partir de cette estimation des flux de MES, il semble probable que les aménagements du cours d'eau ont produit un excès de sédiments par rapport à ce que l'on pouvait attendre, de plus de 2,3 Mt, en 1995, et de plus 7,5 Mt, en 2005 (tableau 22).

Sur la période 1995-2005, avec une estimation basée sur l'écoulement annuel pour ces deux années, l'exportation moyenne est de 1,6 Mt.an^{-1}. Néanmoins sur cette période, l'hydraulicité moyenne de l'Isère, avec 170 m^3.s^{-1}, est alors légèrement inférieure à celle définie sur 46 années (moyenne de 1960 à 2005 : 183 m^3.s^{-1}), plus représentative de l'écoulement moyen de l'Isère. Pour ce module, le transit annuel estimé à partir de l'équation 3, serait de 2,0 Mt.an^{-1}, le taux d'érosion moyen de 349 t.km^{-2}.an^{-1}.

Tableau 22. Concentration et flux de MES annuels mesurés et calculés

Année / Période	Module (m³/s)	Concentration moyenne (mg/L)	Flux mesuré (Mt/an)	Flux calculé Qs=f(Q) (Mt/an)	Flux spécifique mesuré (t/km²/an)	Flux spécifique calculé (t/km²/an)
1995	235	489	5,7	3,4	1004	599
1996	145	176	1,1	1,0	196	168
1997	148	157	0,9	1,0	159	181
1998	158	164	1,0	1,3	174	230
1999	213	293	3,2	2,8	553	495
2000	168	177	1,2	1,6	203	277
2001	218	284	3,0	3,0	528	520
2002	163	145	0,9	1,5	156	254
2003	147	176	1,0	1,0	169	175
2004	140	240	1,7	0,8	290	142
2005	129	**1678**	**8,1**	0,5	**1414**	89
Moy. 1995-2005	170			1,63		284
Moy. 1996-2004	167	201	1,54	1,55	270	271
Moy. 1960-2005	183			2,00		349

* les valeurs en gras sont irréalistes, et sont liées à des actions humaines (pour cette raison, certaines moyennes ne sont pas calculées)

– modèle mensuel avec une intégration de données journalières

Si l'on cherche à obtenir des reconstitutions au pas de temps mensuel les relations linaires ne sont plus pertinentes. Les concentrations moyennes, et plus encore les flux solides mensuels (Qsm, en tonnes mois^{-1}) présentent en revanche une bonne relation avec les débits liquides mensuels (Qm ; m^3 s^{-1}) sous la forme d'une équation de type puissance Qsm = a Qm^b (Remy-Berzencovitvh, 1959 ; Antonelli, 2002 ; Pont et al., 2002). La relation utilisée sur l'Isère prend la forme suivante (équation 4) :

Qsm = 0,7446 Qm ^{2,269} r = 0,81   (équation 4)

L'année 1995, même si elle améliore très légèrement l'explication du modèle (r=0,82), n'a pas été retenue. En revanche en 2005, les valeurs mensuelles du transit sédimentaire se singularisent nettement et il aurait été maladroit de les retenir. La figure 53 illustre clairement et confirme le rôle des travaux sur les digues de l'Isère cette même année. La relation est donc établie à partir de la période 1996 à 2004 et explique près de 66% de la variance du flux sédimentaire mensuel de l'Isère. Les mois connaissant une crue importante, génératrice d'un transport élevé, restent néanmoins sous-estimés. Cette sous-estimation du transit est souvent inévitable, même avec des modèles purement journaliers, lorsque les épisodes de crue n'ont pas été mesurés. Cette sous-estimation des valeurs mensuelles, selon l'équation 4, est de l'ordre de 1,0 Mt pour les crues de mai 1999 et mars 2001 et de l'ordre de 0,5 Mt lors de la crue de janvier 2004.

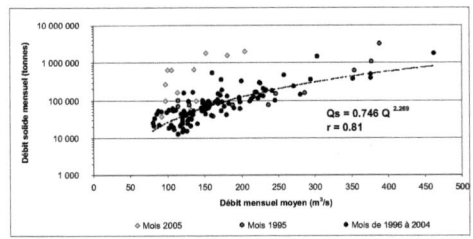

Figure 53. Relation entre les débits solides mensuels (Qsm)
et liquides (Qm) de l'Isère à Grenoble.
Période de référence pour le modèle : 1996-2004

Dans la mesure où les valeurs d'écoulement mensuel n'intègrent que peu les fortes crues, il est intéressant d'essayer de compléter cette estimation du transit mensuel par une prise en compte des journées ayant une forte hydraulicité. Sur la période 1996-2004, lors d'évènements de crue, les relations de type puissance, avec les flux journaliers et les débits journaliers, sont en revanche mieux établies que pour le reste du temps, et particulièrement pour des débits supérieurs à 500 m^3.s^{-1} (r²=0,65, avec 16 journées enregistrées, équation 4), et diminuent progressivement si l'on prend des débits supérieurs à 450 m^3.s^{-1} (r²=0,52 avec 36 journées observées), ou à 400 m^3.s^{-1} (r²=0,49, avec 60 journées observées).

Pour les jours où le débit journalier est supérieur à 500 m^3.s^{-1}, il est possible d'apprécier le transit journalier avec la relation suivante (équation 5) :

$Qsj = 2,536\ 10^{-7}\ Qj^{\,4,191}$, avec Qsj en t.j^{-1} r = 0,81   (équation 5)

En toute rigueur, il conviendrait alors d'estimer le transit mensuel de base (Qsm, équation 4) à partir d'un nouveau débit mensuel, qui n'intègrerait que les débits journaliers supérieurs à 500 m^3.s^{-1}. Mais cette démarche n'a pas été retenue car elle ne modifie que très faiblement les résultats finaux et alourdit, sans doute d'une manière factice, l'estimation du transit. Pour les trois années où une crue importante a été observée, la prise en compte du transit sédimentaire pour les évènements supérieurs à 500 m^3.s^{-1} permet de ramener l'estimation du transit annuel, de 2,2 Mt à 3,1 Mt en 1999 (3,2 Mt estimés à partir des mesures), 2,3 Mt à 2,9 Mt en 2001 (3,0 Mt mesurés) et de 0,8 Mt à 1,0 Mt en 2004 (1,7 Mt mesurés).

Au total, sur la période 1996 à 2004, la prise en compte, certes partielle, de ces événements de crue, appréhendés à partir du seuil de 500 m^3.s^{-1}, améliore donc nettement l'estimation finale du transit sédimentaire mensuel (figure 54). La relation entre les flux calculés et mesurés est améliorée, avec un coefficient de Bravais-Pearson de 0,82 contre 0,62, avec une estimation ne prenant pas en compte les écoulements journaliers supérieurs à 500 m^3.s^{-1}. La période lacunaire, de septembre à décembre 1998, peut ainsi être reconstituée au pas de temps mensuel et avec une certaine robustesse puisqu'elle est marquée par une hydraulicité modeste de l'Isère. Pour les années mesurées, à l'exclusion des années 1995 et 2005, les flux annuels de MES s'échelonnent de 0,89 à 3,16 Mt.an^{-1}, avec des flux mensuels compris entre 0,012 Mt.mois^{-1} (janvier 2002) et 1,78 Mt.mois^{-1} (en mai 1999).

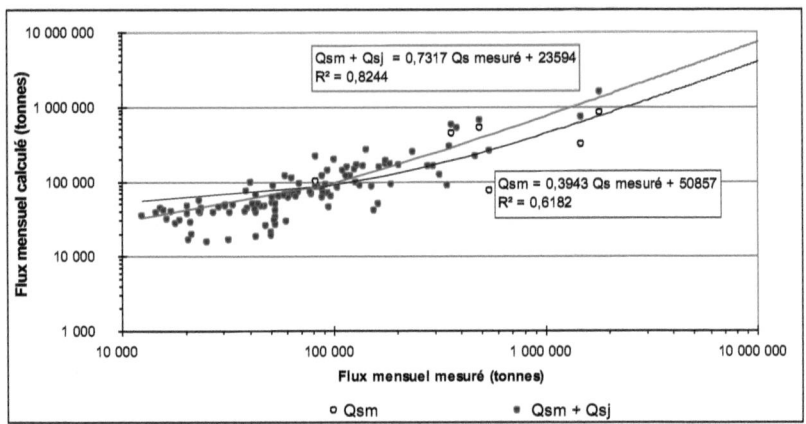

Figure 54. Relation entre les flux mesurés et les flux calculés avec ou sans la prise en compte des données journalières

A partir de ce modèle, il est possible de reconstituer les valeurs des flux annuels de MES depuis 1960. Sur la période 1960-2005 (tableau 23), l'exportation moyenne de MES de l'Isère, avec les estimations issues des reconstitutions (Qsm+Qsj), est de 1,8 Mt.an^{-1}, soit une dégradation spécifique de 308 t.km^{-2}.an^{-1}. A partir d'un plus grand nombre d'échantillons, d'une approche des flux sédimentaires au pas de temps mensuel et établis sur 46 années, cette valeur moyenne réévalue donc très légèrement, avec une plus grande précision, le chiffre de 2,0 Mt.an^{-1} proposé précédemment à partir du modèle annuel (tableau 23).

L'amplitude des fluctuations des flux mensuels et annuels, reconstitués depuis 1960, tout en restant dans la même gamme de valeurs, augmente légèrement (figure 55). Ainsi, sur une période d'étude de 46 années, les flux mensuels varient dans un rapport de 1 à 333, contre une variation d'environ 13 ordres de grandeur pour les flux annuels. Ces gammes de variations intègrent certes l'importance des crues dans les transits sédimentaires, mais traduisent surtout la grande fluctuation saisonnière de ces flux, ou intra-annuelle, bien plus grande que les fluctuations interannuelles.

Tableau 23. Estimation des flux de MES annuels (en Mt) de l'Isère à Grenoble depuis 1960, avec ; Q : module annuel ($m^3.s^{-1}$), flux estimé avec les débits mensuels (Qsm), et avec les débits mensuels plus les crues journalières supérieures à 500 $m^3.s^{-1}$ (Qsm+Qsj), et flux mesuré entre 1995 et 2005

Année	Q	Flux estimé avec Qsm	Flux estimé avec Qsm + Qsj	Année	Q	Flux estimé avec Qsm	Flux estimé avec Qsm + Qsj	Année	Q	Flux estimé avec Qsm	Flux estimé avec Qsm + Qsj	Flux mesuré
1960	186	1,4	1,4	1976	111	0,4	0,4	1992	193	1,6	2,0	-
1961	176	1,2	1,4	1977	224	2,2	2,2	1993	178	1,2	1,2	-
1962	166	1,2	1,2	1978	234	2,5	3,3	1994	219	2,1	2,2	-
1963	185	1,6	2,0	1979	210	1,9	1,9	1995	235	2,7	3,1	5,7
1964	117	0,5	0,5	1980	241	2,7	3,4	1996	145	0,8	0,8	1,1
1965	176	1,3	1,3	1981	252	2,7	2,9	1997	148	0,9	0,9	0,9
1966	234	2,9	4,7	1982	234	2,3	2,7	1998	158	1,0	1,0	1,0
1967	181	1,4	1,6	1983	237	2,6	4,1	1999	213	2,2	3,1	3,2
1968	173	1,2	1,3	1984	193	1,4	1,4	2000	168	1,1	1,3	1,2
1969	162	1,1	1,1	1985	205	1,6	1,6	2001	217	2,3	2,9	3,0
1970	219	2,8	5,2	1986	198	1,6	1,6	2002	163	1,0	1,0	0,9
1971	132	0,6	0,6	1987	217	2,1	2,4	2003	147	0,9	0,9	1,0
1972	133	0,6	0,6	1988	221	2,1	2,1	2004	140	0,8	1,0	1,7
1973	149	0,9	1,1	1989	122	0,6	0,6	2005	129	0,6	0,6	8,1
1974	156	0,9	0,9	1990	158	1,0	1,2					
1975	189	1,5	1,5	1991	156	0,9	1,0	Moy	183	1,5	1,8	1,54

Si l'on compare les débits solides de l'Isère et du Rhône à son embouchure, sur la base d'une reconstitution des flux sédimentaires du Rhône avec le modèle de Pont et al. (2002), l'Isère montre des variations annuelles du transit corrélatives à celles du fleuve (figure 55). Sur la période 1960-2005, avec environ 11% en moyenne de l'écoulement annuel du Rhône observé à Beaucaire, l'Isère contribue en moyenne à près du quart du transit sédimentaire du fleuve. Cependant, cette valeur moyenne masque une forte variabilité interannuelle. La contribution de l'Isère au transit sédimentaire du Rhône peut varier de 5 à 96% selon les années alors que sa contribution dans l'écoulement oscille dans une fourchette nettement plus étroite inscrite entre 7,5% et 13,9%.

Depuis 1960, les écoulements de l'Isère et du Rhône ne montrent pas une évolution particulière, la hausse ou à la baisse, et qui pourrait être significative (tableau 24). Graphiquement, une tendance à la baisse de la contribution de l'Isère au transit sédimentaire du fleuve semble apparaître, associée à une légère augmentation du transport solide du Rhône depuis 1960. La hausse moyenne du flux sédimentaire du fleuve serait de 0,1 Mt.an^{-1}. On observe corrélativement un apport moyen de l'Isère d'environ 35% au début des années soixante, contre 22% au début du XXIème siècle (figure 56). La tendance serait une baisse de 0,31% par an. Cependant, toutes ces tendances ne sont pas confirmées par le test de Mann-Kendall, même au seuil de significativité de 5% (tableau 24). Elles n'ont donc pas de sens sur un plan statistique.

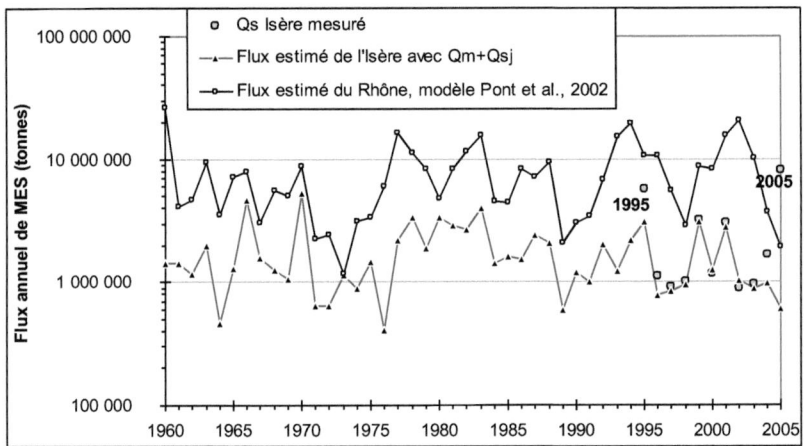

Figure 55. Evolution des flux sédimentaires annuels de l'Isère (mesurés et calculés) et ceux du Rhône, estimés avec le modèle de Pont et al., 2002

Tableau 24. Stabilité des flux hydrologiques et sédimentaires de l'Isère et du Rhône (1960-2005)

	Moyenne	Min	Max	Tendance	Mann-Kendall u(t) $u_{5\%}$ = 1.96 et $u_{1\%}$ = 2.576
Module de l'Isère (m3/s)	183	111	252	-0,11	0,492
Module du Rhône (m3/s)	1706	1063	2468	-1,69	0,189
Flux sédimentaire de l'Isère (t/an)	1 760 753	408 715	5 227 373	- 7 502	0,682
Flux sédimentaire du Rhône (t/an)	7 891 838	7 440 884	20 754 247	109 366	1,543
Flux Isère / Flux Rhône] 100 (%)	28,2%	4,9%	96,0%	-0,31%	0,871

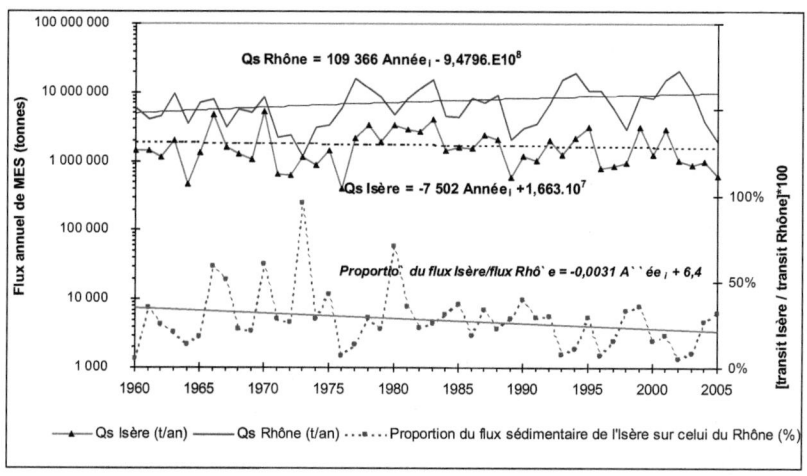

Figure 56. Évolution des flux sédimentaires annuels de l'Isère et du Rhône (en tonnes), et évolution du rapport du transit annuel de l'Isère sur cela du Rhône (en %)

Par ailleurs, une certaine prudence reste nécessaire dans l'analyse des valeurs reconstituées des flux sédimentaires du Rhône. Le modèle sédimentaire du fleuve estime ainsi un transit calculé supérieur à 10 Mt.an^{-1} de 1993 à 1996 et de 2001 à 2003, ce qui paraître assez fort. Il atteindrait même 20,8 Mt en 2002. Une crue énorme, supérieure à 9 000 m^3.s^{-1}, à la fin de l'année 2002, peut naturellement expliquer l'intensité de ce flux sédimentaire. On pourra noter cependant, d'une part, et contrairement à nos observations sur l'Isère, que les valeurs du transit annuel sont très peu corrélées au module du Rhône. En 1999 et en 2001, le débit moyen à l'embouchure du fleuve est dans les deux cas de 2080 m^3.s^{-1}, le flux sédimentaire varie pourtant dans un rapport de 1 à 2.

D'autre part, et surtout sans doute, certaines estimations sont contredites par des évaluations issues de mesures. Le détail de ces mesures n'est malheureusement pas renseigné par les auteurs (Pont, 1997 ; Antonelli, 2002 et 2005 ; Eyrolle *et al.*, 2005). En 2002, des prélèvements ont permis d'estimer le flux sédimentaire lors de cet événement hydrologique à 7,6 Mt (Eyrolle *et al.*, 2005). Les auteurs précisent dans leur étude que l'évènement représente 90% du flux sédimentaire annuel, le flux annuel est donc vraisemblablement proche de 8,4 Mt. De même, certaines valeurs mesurées par C. Antonelli (2002, 2004 et communication personnelle) ne corroborent pas toujours les évaluations des flux à partir du modèle qui semble, le plus souvent, surestimer le transit (tableau 25).

Tableau 25. *Différentes valeurs annuelles du transit sédimentaire du Rhône à Beaucaire*

	module Rhône (m3/s)	calcul avec équation Pont et al. 2002	*In* Antonelli, 2002, 2004 et communication personnelle	*In* Eyrolle et al. 2005 (valeur déduite)
			Flux sédimentaire annuel (Mt/an)	
1960	2468	26,7		
1961	1619	4,1		
......				
1993	1678	15,2		
1994	2175	19,7		
1995	2100	10,8		
1996	1796	10,6		
1997	1560	5,6		
1998	1460	2,9	2,9	
1999	2080	8,8	9,9	
2000	1790	8,2		
2001	2080	15,4	7,1	
2002	1830	20,8		8,4
2003	1390	10,3	6,5	
2004	1390	3,7		
2005	1180	1,9		

▓ *valeurs non décrites par les auteurs*

d - Bilan sédimentaire et estimation de l'érosion dans les Alpes

• *Évaluation des taux d'érosion*

Ces mesures et reconstitutions permettent de dresser un bilan d'érosion sur le bassin de l'Isère, et d'estimer l'érosion totale à 3,5 Mt.an^{-1} et un taux d'érosion spécifique moyen de 611 t.km^{-2}.an^{-1}. L'érosion fluviatile moyenne avec 1,8 Mt.an^{-1} est légèrement plus forte que celle issue des processus chimiques dont la valeur moyenne est estimée à 1,7 Mt.an^{-1}. L'exportation de matière dissoute est cependant considérable et traduit l'importance des processus de dissolution au sein du bassin. Dans la vallée du Grésivaudan, l'exhaussement moyen du lit de l'Isère correspondrait à une sédimentation moyenne, calculée sur la période 1990-2000, de 0,16 Mt.an^{-1}, et dont 75% seraient liées au transit en suspension (ces valeurs se basent sur les valeurs volumétriques estimées par Allain Jegou, 2002). La vitesse moyenne d'érosion mécanique réelle, tout en restant dans la même gamme de valeurs, serait donc légèrement plus forte (exportation totale de 2,16 Mt.an^{-1}).

Les tranches d'érosion moyennes calculées sont basées sur une densité de 2.5 qui est généralement retenue dans les études. Il faut noter que ce chiffre diffère cependant légèrement selon les auteurs. M. Chardon (1996) et A. Marnezy (1999) utilisent dans leur estimation une densité de 2,4 pour la MDT, P. Serrat (1999) utilise une densité de 2 pour la MES, de même F. Vautier (2000) pour la charge de fond. Sur le bassin de l'Isère, les tranches d'érosion moyennes correspondantes montrent un taux de dénudation spécifique moyen du bassin versant de l'Isère de 0,24 mm.an^{-1} (tableau 26).

Tableau 26. Bilan sédimentaire annuel (* réévaluation ponctuelle avec le modèle Qsm+Qj)

Année	Module (m³/s)	Flux de MES mesuré ou calculé (*) (Mt/an)	Flux de MD mesuré ou calculé (*) (Mt/an)	Flux total (Mt/an)	Flux spécifique de MES (t/km²/an)	Flux spécifique de MDT (t/km²/an)	Flux spécifique total (t/km²/an)	Taux d'érosion spécifique de MES (d=2.5) (mm/an)	Taux d'érosion spécifique de MDT (d=2.5) (mm/an)	Taux d'érosion spécifique total (mm/an)
1995	235	* 3,1	* 2,0	5,1	542	357	899	0,22	0,14	0,36
1996	145	1,1	* 1,5	2,6	196	259	455	0,08	0,10	0,18
1997	148	0,9	* 1,5	2,4	159	260	419	0,06	0,10	0,17
1998	158	1,0	* 1,6	2,6	174	273	448	0,07	0,11	0,18
1999	213	3,2	* 1,9	5,1	553	334	887	0,22	0,13	0,35
2000	168	1,2	1,7	2,8	203	292	496	0,08	0,12	0,20
2001	218	3,0	1,9	5,0	528	338	866	0,21	0,14	0,35
2002	163	0,9	1,6	2,5	156	287	443	0,06	0,11	0,18
2003	147	1,0	1,5	2,5	169	263	431	0,07	0,11	0,17
2004	140	1,7	1,4	3,0	290	240	530	0,12	0,10	0,21
2005	129	* 0,6	1,3	1,9	105	235	340	0,04	0,09	0,14
Moyenne	170	1,60	1,63	3,23	280	285	565	0,11	0,11	0,23
Estimation pour un débit de :	183	* 1,76	* 1,73	3,49	308	303	611	0,12	0,12	0,24

L'érosion fluviatile moyenne et l'ablation par dissolution sont identiques avec 0,12 mm.an^{-1}. La tranche érodée estimée en amont de Grenoble, sur le bassin de l'Arc, de presque 2000 km², augmente sensiblement. On observe alors une érosion globale évaluée à 0,62 mm.an-1 (Marnezy, 1999). Ces résultats sont à rapprocher des 0,1 à 0,17 mm.an-1 donnés pour la dissolution des calcaires dans les Alpes du Nord, et restent bien inférieurs à ceux obtenus directement sur les gypses, où les taux de dissolution sont égaux ou supérieurs à 1 mm.an-1 (Chardon, 1996). Ils rejoignent également l'estimation de l'érosion fluviatile de 0,25 à 0,45 mm.an-1 sur les bassins de la Romanche et du Drac, proposée à partir de mesures de dépôts dans les barrages (Sikirdji et al., 1982). Mais largement au-dessous des vitesses d'érosion de 10 mm.an-1 estimées dans des bassins inscrits dans des marnes et situés dans les Alpes du Sud (Descroix, 1994).

La dégradation spécifique moyenne calculée pour l'Isère, d'environ 310 $t.km^{-2}.an^{-1}$, masque une grande hétérogénéité spatiale des apports sédimentaires. L'Arc, avec notamment son affluent l'Arvan, est de loin le plus gros pourvoyeur de l'Isère en MES (Marnezy, 1999). La dégradation spécifique moyenne de l'Arvan se situe au-dessus de 2500 $t.km^{-2}.an^{-1}$, pour un bassin torrentiel d'environ 200 km². Elle passe au niveau de la confluence de l'Arc avec l'Isère, avec un bassin de près de 2000 km², à 766 $t.km^{-2}.an^{-1}$ (Marnezy, 1999). Cette différence n'a rien d'exceptionnel sur un bassin de grande dimension (Meybeck et al., 2003), inscrit de surcroît sur une zone alpine à forte complexité lithologique, favorisant inévitablement une diversité géographique des apports sédimentaires.

Sur le bassin de l'Isère, la zone la plus favorable à la recharge sédimentaire est justement la vallée de la Maurienne (vallée de l'Arc) où dominent des zones peu végétalisées et des formations géologiques sensibles à l'érosion ; lias schisteux sur la rive gauche de l'Arc (bassin de l'Arvan en particulier) et schistes lustrés en amont de Modane. Dans la partie septentrionale, les bassins de la vallée de la Tarentaise (Isère supérieure) apparaissent d'une moindre érodabilité du fait d'une couverture végétale plus étendue, même sur les formations géologiques sensibles à l'érosion (Latulippe et al., 1996). Enfin, les bassins localisés sur les massifs cristallins externes (chaîne de la Belledonne) présentent une plus faible sensibilité à l'érosion du fait de « la bonne tenue des formations géologiques », et d'une couverture végétale étendue (Latulippe et al., 1996).

* *Comparaison des résultats à l'échelle des Alpes*

Le taux d'érosion spécifique moyen de l'Isère, plus faible que celui de l'Arc, s'intègre néanmoins parfaitement dans la zonation de 250 à 500 $t.km^{-2}.an^{-1}$ proposée pour la bordure est-pyrénéenne (Walling et Webb, 1996 ; Serrat, 1999 ; Serrat *et al.*, 2001), et dépasse de beaucoup la moyenne européenne comprise entre 30 et 80 $t.km^{-2}.an^{-1}$ (Collins, 1986 ; Ludwig et Probst, 1998). Il rejoint les valeurs de certains grands cours d'eau alpins avec des bassins d'une superficie relativement comparable (Schlunegger et Hinderer, 2001 et 2003 ; Meybeck *et al.*, 2003) ; par exemple en Suisse, celui de l'Arve à Genève (299 $t.km^{-2}.an^{-1}$ avec un bassin de 2079 km²), du Rhône alpin à la Porte de Scex (320 $t.km^{-2}.an^{-1}$ avec un bassin de 5220 km²), ou encore du Rhin alpin à Bad Ragaz (323 $t.km^{-2}.an^{-1}$ avec un bassin de 4455 km²). La dégradation spécifique moyenne de l'Isère rejoint également, voire même dépasse certaines années, celle de la Durance, évaluée à 360 $t.km^{-2}.an^{-1}$ (Alary, 1998), cours d'eau de l'arc alpin, mais située dans un contexte beaucoup plus méditerranéen.

Au niveau de l'Arc alpin, c'est justement dans les Alpes du Sud, et tout particulièrement dans les marnes noires, que les taux d'érosion observés sur des parcelles ou de petits bassins versants sont les plus forts, et généralement compris entre 12 500 et 20 000 $t.km^{-2}.an^{-1}$ (Descroix et Olivry, 2002). Ils peuvent même dépasser localement 60 000 $t.km^{-2}.an^{-1}$ (Lhénaff *et al.*, 1993). Ces taux d'érosion, relevés dans les Alpes du sud, diminuent cependant fortement sur des bassins plus importants. L'étude des remplissages sédimentaires de différents barrages (Descroix et Gautier, 2002 ; Descroix et Mathys, 2003) révèle des valeurs d'érosion de 2500 $t.km^{-2}.an^{-1}$ pour le barrage du Claps (bassin de 182 km²), de 900 $t.km^{-2}.an^{-1}$ pour le barrage d'Escale (bassin de 3500 km²), de 414 $t.km^{-2}.an^{-1}$ pour le barrage de Serre Ponçon (bassin de 3000 km²) et de 90 $t.km^{-2}.an^{-1}$ pour celui de Cadarache (bassin de 5500 km²). Cette forte variabilité spatiale de l'érosion spécifique se retrouve également dans les Alpes du Nord (Vivian, 1981 ; Descroix et Gautier, 2002 ; Descroix et Mathys, 2003), où le remplissage sédimentaire de barrages indique des taux d'érosion inégaux ; 670

t.km^{-2}.an^{-1} au barrage du Sautet (bassin de 1000 km²), 490 t.km^{-2}.an^{-1} au barrage du Verney (bassin de 120 km²), 220 t.km^{-2}.an^{-1} au barrage du Chambon (bassin de 220 km²), et atteint même 90 t.km^{-2}.an^{-1} au barrage d'Aussois (bassin de 150 km²). Cette variabilité spatiale de l'érosion se retrouve également à l'échelle du cours d'eau lui-même, elle est décrite, par exemple, au NW de l'Italie, sur un affluent alpin du Po, la Dora Baltea. Les transferts sédimentaires de MES sont plus marqués dans la partie supérieure de son bassin et diminuent vers l'aval, avec des valeurs d'érosion spécifique de 553 t km^{-2} an^{-1} sur un bassin de 543 km², de 265 t km^{-2} an^{-1}, plus en aval, sur un bassin de 1303 km², et de 181 t.km^{-2}.an^{-1} sur un bassin de 3264 km² (Vezzoli, 2004).

Les comparaisons, même inscrites exclusivement sur l'arc alpin, restent cependant toujours délicates à conduire car les caractéristiques locales, propres à chaque bassin, participent fortement à l'intensité de ces flux sédimentaires. La taille du bassin est, entre autres, un élément important d'explication, mais certainement pas exclusif, voire même univoque. D'ailleurs, l'étude des remplissages sédimentaires de plusieurs barrages alpins a, en partie, souligné cette complexité (supra). Le Rhin alpin, à Lustenau (Autriche), l'illustre également parfaitement puisque le flux spécifique annuel de MES y dépasse 1800 t.km^{-2}.an^{-1} malgré un bassin de plus de 6000 km² (Meybeck et al., 2003). Ou à l'inverse, sur la Glatt, à Rheinfelden (Suisse), le flux annuel moyen observé est de 8 t.km^{-2}.an^{-1} pour un bassin de 416 km² (Shlunegger et Hinderer, 2003). De même, dans les Alpes, au NE de l'Italie, le Rio Cordon, avec un bassin de 5 km² présente une érosion spécifique moyenne de 69 t.km^{-2}.an^{-1} seulement (Lenzi et al., 2003). L'étude des flux de MES sur plus d'une vingtaine de cours d'eau alpins situés en Suisse montre clairement l'indépendance de ces flux au regard de la superficie du bassin drainé et la très grande variation géographique de ces valeurs comprises entre 8 et plus de 1500 t.km^{-2}.an^{-1} pour des bassins d'une superficie de 350 à 1500 km² (Shlunegger et Hinderer, 2003). Cette mise en comparaison est également à considérer avec une très grande prudence lorsque des valeurs annuelles moyennes ne sont pas données par les auteurs. Dans le cas fréquent de variations interannuelles des flux de MES très marquées, ces comparaisons sont même illusoires. Dans les Alpes bavaroises (Allemagne) deux confluents du Danube montrent des taux d'érosion annuelle compris entre 2 et 86 $t.km^{-2}.an^{-1}$ pour la Partnach, et de 180 à 1500 $t.km^{-2}.an^{-1}$ pour la Lahnenwiesgraben (Schmidt et Morche, 2006).

e - Conclusion et discussion

• Bilan de la quantification des exportations sur le bassin de l'Isère

Les résultats présentés sont les premiers établis sur un important cours d'eau alpin à partir de mesures systématiques. Dans les Alpes, il n'existe encore que peu de données continues et relevées sur une décennie. Au-delà des informations apportées et de la définition d'un modèle des flux de MES, pouvant à terme faciliter la gestion de ces sédiments sur l'Isère, l'analyse du transit sédimentaire de l'Isère, reconstitué sur plus de 40 ans, permet de dégager une valeur moyenne représentative et robuste de ces flux sédimentaires, et d'apporter ainsi une connaissance précieuse pour une synthèse à venir de ces flux sédimentaires à l'échelle des Alpes. A l'échelle de ce bassin, et aux pas de temps annuel et mensuel, les flux de sédiments sont évidemment fortement dépendants des écoulements. Néanmoins, les crues importantes, lors desquelles transite une part non négligeable du débit solide annuel, viennent perturber ces relations. Dès lors, il est intéressant de compléter notre connaissance des flux mensuels, approchée par défaut, par une estimation complémentaire, conduite à une échelle de temps journalière, des transferts sédimentaires produits par ces évènements hydrologiques.

Ces différentes quantifications permettent ensuite de dresser un bilan sédimentaire très précis pour l'Isère. La grande stabilité des sections de l'Isère à Grenoble (Dumas 2004b), les études du transit sédimentaire à hauteur de sa confluence avec le Drac (Salvador, 1991), les travaux sur les profils de l'Isère dans la vallée du Grésivaudan montrent que la charge de fond n'est plus exportée à la fin du XXème siècle. Cette indigence de la charge de fond permet donc de cerner l'ensemble des transports à partir de mesures des matières en suspension et des matières dissoutes. La dynamique sédimentaire moyenne globale de ce bassin montagneux peut ainsi être dégagée. La répartition des flux annuels de MES et de MDT est sensiblement équivalente, respectivement de 1,8 Mt.an^{-1} et de 1,7 Mt.an^{-1}. Le flux annuel de MES devient véritablement prépondérant sur le transit de MDT lors de crues importantes.

Néanmoins, les taux d'érosion établis à partir de ces exportations restent indicatifs, et ne peuvent totalement traduire l'efficacité de l'érosion actuelle réelle. D'une part, compte tenu de son contexte montagneux et de sa superficie, de près de 6 000 km², le bassin de l'Isère présente une forte hétérogénéité spatiale. Il intègre aussi bien des zones faiblement érodées que des zones où la dynamique érosive est intense. D'autre part, ces vitesses d'érosion moyennes ne peuvent que difficilement faire la part du stockage et de la remobilisation des sédiments dans le lit du cours d'eau et de ses affluents. Des travaux sur les profils de l'Isère dans la vallée du Grésivaudan (Vautier, 2000) montrent cependant qu'il n'y a aucune commune mesure entre les flux associés au stockage et au déstockage et ceux liés à l'exportation dont les valeurs sont incomparablement plus élevées.

- *Tendance du transit sédimentaire depuis le XIXème siècle*

Par ailleurs, dans toutes les estimations des transits sédimentaires, le poids des extrapolations reste et restera probablement longtemps très important dans les évaluations. En témoignent d'ailleurs, sur l'Isère, les estimations successives de M. Pardé (1925, 1942 et 1964), d'où la nécessité de bien préciser et d'associer aux valeurs avancées l'origine et les méthodes de l'évaluation retenues (mesure ou non, nombre d'échantillons, valeurs estimées à partir d'un modèle, etc.). Cette approche montre également que le transit sédimentaire de MES a eu tendance à augmenter depuis le XIXème siècle. L'estimation de la dynamique sédimentaire actuelle, évaluée à 1,8 Mt.an-1, permet en effet d'apporter une nouvelle lecture de la tendance générale du transit sédimentaire, depuis le XIXème siècle. Nous avons vu que la dynamique sédimentaire ne montrait pas une tendance significative depuis 1960. En revanche, il n'en est pas de même si l'on observe ces flux sur une période plus longue.

Pourtant, Allain Jegou (2002), en complétant les travaux de Vautier (2000), et comme ce dernier, note une décroissance très importante des flux de matière solide, entre le début du XIXème et la fin du XXème siècle. Au début du XIXème siècle, le débit solide, « incluant charriage et suspension », avoisinait 0,4 $Mt.an^{-1}$ (Allain Jegou, 2002). Actuellement, mais en supposant une exportation de sédiments très faible, voire nulle, à l'aval de Grenoble, les auteurs estiment les flux annuels moyens à environ 0.02 Mt an^{-1}, pour la période 1984-1990, et à 0,16 $Mt.an^{-1}$ pour la période 1990-2000, dont 75% seraient liés au transit en suspension. Ces valeurs se basent sur les valeurs volumétriques estimées par Vautier (2000) et Allain Jegou (2002). Outre le fait que ces estimations se basent sur l'hypothèse d'un débit solide négligeable à l'aval de Grenoble qui pose problème à nos yeux, les auteurs ne distinguent pas, ou confondent maladroitement, charge de fond et transit de MES. Seule la charge de fond semble bien ne plus être exportée (Salvador, 1991 ; Peiry et al., 1994). Les nombreux seuils édifiés dans le lit des cours d'eau bloqueraient les transports solides, à tel point qu'il n'y aurait plus de matériaux grossiers parvenant à la confluence Drac-Isère (Peiry et al., 1994). Le transit sédimentaire en suspension de l'Isère, avec un flux annuel moyen estimé pour ces dernières décennies à 1,8 $Mt.an^{-1}$, en revanche, reste très important, voire exceptionnel. Il s'avère donc difficile de négliger l'exportation des matériaux en suspension au niveau de Grenoble au risque sinon de conclure, comme ces auteurs, à une diminution du transit sédimentaire depuis le XIXème siècle ; conclusion ensuite reprise dans certains travaux (Descroix et Gautier, 2002). Pour les deux périodes précédentes, 1984-1990 et 1990-2000, dans le cadre de cette étude, les flux moyens de MES sont estimés respectivement à 2,13 $Mt.an^{-1}$, et à 1,89 $Mt.an^{-1}$. Le dépôt sédimentaire actuel dans le lit, de 0,02 $Mt.an^{-1}$ pour la période 1984-1990 (Vautier, 2000), et de 0,16 $Mt.an^{-1}$ pour la période 1990-2000 (Allain Jegou, 2002), ne modifie donc que peu le débit solide moyen annuel, et laisse supposer, à l'inverse complète des conclusions apportées par ces auteurs (Vautier, 2000, Allain Jegou, 2002), que le transit sédimentaire de MES aurait eu plutôt tendance à s'accroître, dans un rapport de 1 à 5 depuis le XIXème siècle. En effet, la charge de fond et la matière en suspension étaient alors évaluées à 0,4 Mt.an^{-1}.

Certes, la fermeture du paysage par une reconquête de la forêt sur l'ensemble des Alpes françaises, depuis le XIXème siècle, aurait pu favoriser une diminution de l'érosion. Les prélèvements de galets jusqu'en 1970 ont aussi contribué à modifier notablement le transit des matériaux (Vautier, 2000). De même, les grands aménagements du bassin de l'Isère, dans les années 70 (Bissorte, Chevril, Girotte, Roselend, Mont-Cenis, dérivation du Cheylas...) ont créé une nouvelle donne sur les débits solides, en écrêtant les débits de pointe des crues fréquentes, notamment lors de la fusion nivale. D'ailleurs, il est bien connu que ces aménagements hydrauliques ont fortement modifié les écoulements liquides et solides (Ackers et Thompson, 1987 ; Reid et Frostick, 1994 ; Milliman, 1997 ; Marnezy, 1999). Sur le bassin du Rhône, qui compte actuellement 78 barrages, si le transit de la charge de fond reste toujours très réduit depuis leur installation progressive (Donzère est le premier en 1952), en revanche, les perturbations sur le transit de la matière en suspension semblent avoir été temporaires, et ont progressivement diminué depuis les années 50 (Pont *et al.*, 2002). Mais, les grandes crues, peu touchées par les aménagements hydroélectriques, restent de nos jours probablement toujours aussi efficaces pour le transit de sédiments. Par ailleurs, si les écoulements ont perdu dans la zone amont une partie de leur charge en suspension par décantation (barrages-réservoirs et retenues au fil de l'eau), en revanche les rythmes diurnes d'écoulement plus marqués aujourd'hui (la dérivation du Cheylas, par exemple, engendre à Grenoble des variations quotidiennes de plus 100 m^3.s^{-1}), la diminution de la charge de fond en amont (Marnezy, 1999), renforcent probablement l'efficacité globale d'exportation de MES par les écoulements, et expliqueraient l'augmentation du transit depuis le début du XIXème siècle. Dans l'ensemble des Alpes françaises, entre 1860 et 1928, selon les analyses du « grand ingénieur » Surell, les importants reboisements entrepris par l'Administration des Eaux et Forêts (Pardé, 1964), et ensuite depuis les années 1950, la dynamique de reboisement naturel liée à la déprise rurale généralisée, auraient pu contribuer à diminuer l'érosion et les flux sédimentaires. L'étude conduite sur l'Isère montre que l'impact de l'extension de la forêt sur le transit sédimentaire a été compensé par l'installation progressive d'ouvrages hydrauliques, et par la modification consécutive des rythmes diurnes de l'écoulement.

D - LA TEMPERATURE DANS LES ALPES DU NORD ET SES EVOLUTIONS DEPUIS LA FIN DU XIXEME SIECLE

Sur l'ensemble des Alpes du Nord, les évolutions interannuelles et les taux de réchauffement peuvent être examinés sur 48 ans pour les gradients, et sur 123 années pour les températures. Les modifications tendancielles moyennes sur les périodes d'observation sont déterminées en multipliant la pente de la droite de régression par 100 ans. Pour valider l'existence d'une tendance, plusieurs tests ont été utilisés dans un premier temps (Spearman, Student et Mann-Kendall). Sur toutes les séries, le test de Mann-Kendall s'est avéré le plus sévère (Dumas et Rome, 2009). La comparaison de plusieurs tests appliqués à des séries hydrologiques et climatiques montre d'ailleurs souvent l'intérêt et la « bonne puissance » du test de Mann-Kendall (Hirsch et Slack, 1984 ; Gerstengarbe et Werner, 1999 ; Yue *et al.*, 2002 ; Kundzewicz *et al.*, 2005). Ce test s'avère généralement plus robuste que le test de Student, ou de Spearman, car moins sensible à des valeurs aberrantes. Mann-Kendall est un test non-paramétrique très souvent préconisé dans l'analyse de séries chronologiques environnementales (Mann, 1945 ; Kendall, 1975 ; Sneyers, 1975 ; Vialar, 1978; Kundzewicz et Robson, 2000 ; Böhm *et al.*, 2001). L'hypothèse nulle est alors l'indépendance chronologique des valeurs. Dans cette étude, les tendances sont considérées comme significatives au seuil de confiance de 5%, et hautement significative au seuil de 1%.

L'étude statistique des séries mensuelles et annuelles (Tn, Tx et Tg) permet de décrire précisément dans un premier temps l'évolution des températures avec l'altitude au cours des cinq dernières décennies, puis dans un second temps, de faire ressortir le changement des températures sur plus d'un siècle.

a - Évolution intrasaisonnière des gradients et des températures réduites

L'étude statistique des températures mensuelles et annuelles (Tn, Tx et Tg) permet de décrire précisément, l'évolution saisonnière des températures et de la décroissance des températures avec l'altitude au cours des cinq dernières décennies, et ainsi ultérieurement de faire ressortir le changement des températures sur plus d'un siècle. L'évolution saisonnière est appréhendée à partir de la moyenne des 48 valeurs obtenues mensuellement sur l'ensemble de la période 1960-2007 (tableau 27). On peut déduire une dynamique annuelle caractéristique dans les Alpes, qui à ce jour n'avait pas été totalement décrite. Ces valeurs sont pourtant précieuses, voire même indispensables dans bien des études et des approches conduites sur des espaces montagnards, afin d'appréhender les températures susceptibles d'être observées à une altitude donnée. Par exemple, les impacts du réchauffement climatique sur le régime hydrologique des rivières alpines sont en grande partie liés à l'élévation de la limite pluie-neige (Etchevers *et al.*, 2002 ; Zierl et Bugmann, 2005 ; Horton *et al.*, 2006). Cette remontée en altitude de l'isotherme 0°C ne peut être définie que sur la base et l'estimation des gradients thermiques.

Dans ces montagnes alpines, au niveau de la mer, l'amplitude thermique annuelle moyenne serait de 15,9 °C pour les températures minimales, contre 19,1°C pour les maximales. La température annuelle moyenne serait de 7,3°C pour les minimales et de 12,5°C pour les maximales. Les gradients annuels moyens, de 0,43°C pour 100 m pour les Tn, et de 0,52°C pour 100 m pour les Tx, masquent une variabilité saisonnière bien établie (figures 57 et 58). Ils montrent un cycle annuel que l'on retrouve également d'en d'autres secteurs montagneux (Harding, 1978). Le cycle observé dans les Alpes est légèrement décalé par rapport à l'évolution saisonnière des températures, avec une augmentation assez rapide en début d'année puis une diminution plus lente en fin d'année.

Tableau 27. Synthèse mensuelle et annuelle des caractéristiques moyennes des températures réduites et des gradients thermiques calculés sur la période 1960-2007

		Janv	Févr	Mars	Avr	Mai	Juin	Juil	Août	Sept	Oct	Nov	Déc	Année	Min	Max	Δ
Température réduite (°C)	Tn moy	-0,7	0,9	3,4	6,1	10,1	13,4	15,2	14,8	11,9	8,3	3,5	0,3	7,3	-0,7	15,2	15,9
	Tx moy	2,9	5,2	8,8	12,2	16,4	19,8	22,0	21,4	17,8	13,2	7,3	3,6	12,5	2,9	22,0	19,1
	σ Tn	2,2	1,9	1,5	1,1	1,3	1,1	1,2	1,1	1,3	1,5	1,4	1,8	0,7	1,1	2,2	1,1
	σ Tx	2,1	2,2	1,8	1,5	1,6	1,6	1,5	1,5	1,6	1,5	1,8	0,7	1,5	2,2	0,8
Gradient (°C/100m)	Grad Tn	0,37	0,45	0,46	0,47	0,45	0,46	0,44	0,42	0,41	0,41	0,40	0,38	0,43	0,37	0,47	0,09
	Grad Tx	0,34	0,46	0,59	0,66	0,64	0,62	0,61	0,59	0,54	0,44	0,39	0,32	0,52	0,32	0,66	0,34
	σ Grad Tn	0,08	0,08	0,05	0,04	0,02	0,03	0,03	0,04	0,04	0,05	0,06	0,07	0,02	0,02	0,08	0,06
	σ Grad Tx	0,11	0,09	0,05	0,04	0,04	0,04	0,05	0,05	0,04	0,06	0,09	0,09	0,03	0,04	0,11	0,08

Les gradients mensuels moyens oscillent ainsi entre 0,37 à 0,47°C pour 100 m pour le Tn, et entre 0,32 à 0,66°C pour 100 m pour les Tx. Tout en conservant une évolution saisonnière similaire, les gradients des températures maximales sont sur l'ensemble de l'année, sauf pour les mois de janvier et décembre, plus élevés que les gradients des températures minimales. Les minima sont plus fréquemment associés à une humidité relative plus élevée ce qui favorise une décroissance plus réduite des températures avec l'altitude. Dans des conditions dites adiabatiques, au niveau du sol, pour une température de 15°C par exemple, le gradient adiabatique humide est proche de 0,5°C par 100 m, alors que celui de l'adiabatique sec avoisine 1,0°C pour 100m (Barry et Chorley, 1998 ; Triplet et Roche, 2000).

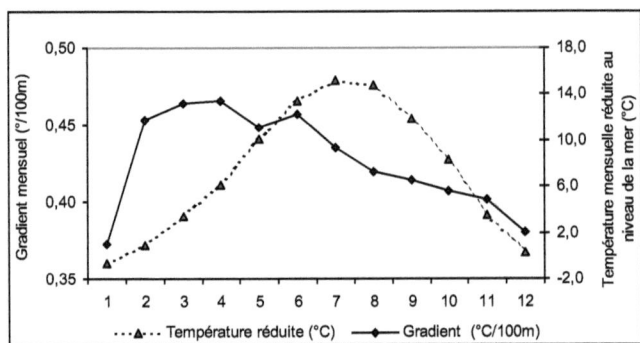

Figure 57. Évolution mensuelle moyenne des gradients et des températures régionales minimales dans les Alpes du Nord

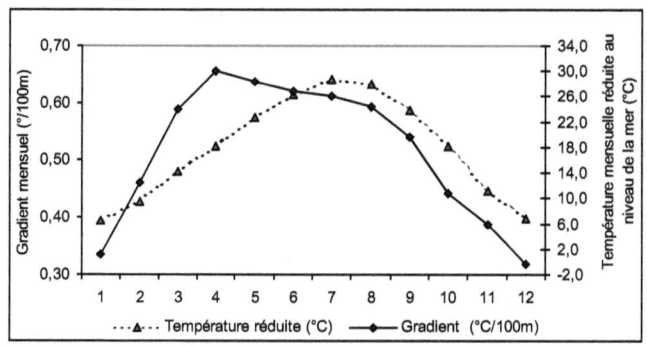

Figure 58. Evolution mensuelle moyenne des gradients et des températures régionales maximales dans les Alpes du Nord

Notons que la décroissance des températures minimales, observée dans les Alpes du Nord, demeure sur l'ensemble de l'année plus faible que celle observée dans les Alpes du Sud sur la période 1959-1978 où, sur les adrets et dans les fonds de vallée, le gradient des températures minimales varie respectivement entre 0,51-0,57 et 0,53-0,63 (Douguédroit et Saintignon, 1981). Dans les Alpes du Nord, on peut penser que les minima moins élevés favorisent une humidité relative plus forte sur l'ensemble d'une année, et donc une décroissance un peu plus faible des températures avec l'altitude. Avec des gradients plus réduits en période hivernale et plus élevés au printemps et en été, on retrouve une évolution déjà décrite dans différentes études (Saintignon, 1976 ; Harding, 1978 ; Barry, 2008).

Dans les Alpes du Nord, l'évolution mensuelle des gradients thermiques, avec une croissance rapide en début d'année puis une diminution plus lente en fin d'année, n'avait cependant pas été encore précisée. Ce cycle saisonnier s'explique notamment par une occurrence plus grande des inversions thermiques en saison froide, mais aussi probablement par un caractère particulièrement instable de l'atmosphère au printemps qui favorise un brassage vertical plus actif.

b - Évolution des gradients dans les Alpes du Nord depuis 1960

A l'échelle interannuelle, les gradients moyens mensuels ou annuels présentent tous une forte variabilité. Selon les années et les mois, les gradients mensuels des températures peuvent varier dans un rapport de 1 à plus de 3, voire de 1 à 9 pour les gradients des températures maximales de janvier. Les écarts-types (tableau 28) calculés mensuellement sont plus importants en automne et hiver (octobre à février), et traduisent une plus grande variabilité interannuelle des gradients. La présence plus fréquente des inversions thermiques dans les vallées sur cette période explique cette plus grande fluctuation des gradients. Pendant cette période, les inversions thermiques sont plus ou moins marquées, car très sensibles à de nombreux paramètres climatiques : nébulosité, vitesse et orientation des vents, température de l'air. D'une manière générale, la variabilité des gradients mensuels et annuels ne laisse pas apparaître de tendances significatives à la hausse ou à la baisse (tableau 28 et figure 59). Cette relative stabilité des gradients depuis 1960 est intéressante, car elle montre indirectement que, dans cette zone montagneuse, les modifications climatiques récentes ne sont généralement pas plus marquées dans les zones basses que dans les secteurs élevés.

Tableau 28. Gradients mensuels (en °C/100 m) des températures minimales (Tn), maximales (Tx). Valeurs extrêmes, écarts-types et tendances sur la période 1960-2007

	Moyenne 1960-2007			Tn 1960-2007						Tx 1960-2007					
	Tg	Tn	Tx	min	max	σ	Tendance °C/100m pour 100 ans	u(t)	MK	min	max	σ	Tendance °C/100m pour 100 ans	u(t)	MK
Janvier	0,35	0,37	0,34	0,18	0,55	0,083	0,116	1,53	ɸ	-0,06	0,50	0,112	0,088	0,62	ɸ
Février	0,46	0,45	0,46	0,19	0,66	0,081	0,046	1,01	ɸ	0,27	0,62	0,089	0,054	0,57	ɸ
Mars	0,53	0,46	0,59	0,35	0,58	0,048	0,004	0,30	ɸ	0,46	0,68	0,048	0,116	2,03	*
Avril	0,56	0,47	0,66	0,35	0,54	0,037	-0,028	-0,12	ɸ	0,55	0,73	0,043	0,105	2,20	*
Mai	0,54	0,45	0,64	0,39	0,50	0,025	-0,004	-0,34	ɸ	0,57	0,72	0,037	0,021	0,60	ɸ
Juin	0,54	0,46	0,62	0,38	0,54	0,031	-0,020	-0,39	ɸ	0,46	0,77	0,044	-0,062	-1,33	ɸ
Juillet	0,52	0,44	0,61	0,37	0,53	0,034	0,005	0,94	ɸ	0,47	0,73	0,050	-0,113	-1,69	ɸ
Août	0,51	0,42	0,59	0,31	0,50	0,040	-0,006	-0,07	ɸ	0,43	0,73	0,052	-0,048	-1,23	ɸ
Septembre	0,48	0,41	0,54	0,32	0,51	0,043	0,002	0,07	ɸ	0,45	0,62	0,040	0,024	0,57	ɸ
Octobre	0,42	0,41	0,44	0,30	0,51	0,054	-0,023	-0,43	ɸ	0,33	0,59	0,062	0,022	0,68	ɸ
Novembre	0,39	0,40	0,39	0,27	0,50	0,060	-0,126	-2,06	*	0,20	0,55	0,092	-0,074	-0,82	ɸ
Décembre	0,35	0,38	0,32	0,22	0,55	0,068	0,038	0,07	ɸ	0,14	0,53	0,089	0,047	0,52	ɸ
Min	0,35	0,37	0,32	0,18	0,50	0,02	-0,126			-0,06	0,50	0,04	-0,113		
Max	0,56	0,47	0,66	0,39	0,66	0,08	0,116			0,57	0,77	0,11	0,116		
Année	0,47	0,43	0,52	0,36	0,47	0,02	0,000	-0,05	ɸ	0,44	0,58	0,03	0,015	0,78	ɸ

*Seuils de confiance du test de Mann-Kendall (MK) : ** 0.01; * 0.05; ɸ >0.05*

Dans un contexte de réchauffement climatique, un refroidissement plus circonscrit sur les régions élevées aurait été signalé par un renforcement des gradients. A l'inverse, une hausse des températures plus localisée sur les parties hautes aurait favorisé une diminution de ces gradients. Les modifications des températures observées sur ces cinquante dernières années semblent donc concerner, sans distinction altitudinale, l'ensemble des Alpes du Nord, et s'opèrent d'une manière relativement homogène sur toutes les tranches altitudinales.

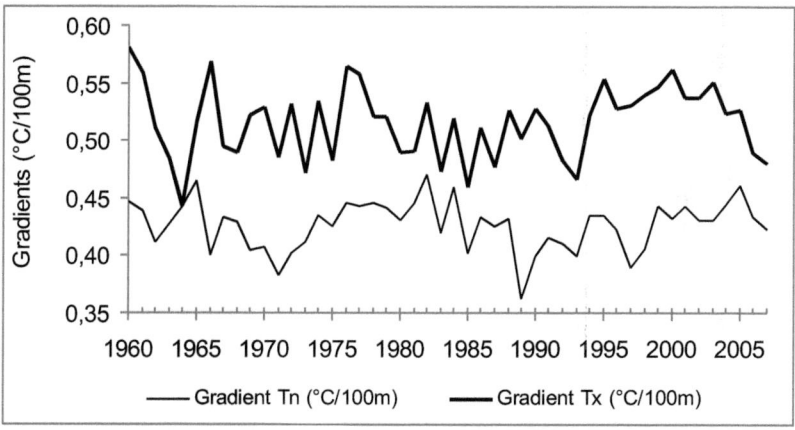

Figure 59. Évolution entre 1960 et 2007 des gradients annuels des températures minimales et maximales dans les Alpes du Nord

Ce constat est à nuancer sur d'autres secteurs alpins où certaines études sur le changement climatique dans les zones d'altitude montrent que le réchauffement est parfois plus marqué à des altitudes élevées (Bücher and Dessens, 1991 ; Beniston *et al.*, 1994 ; Diaz et Bradley, 1997 ; Weber *et al.*, 1997). Sur le secteur des Alpes du Nord, il est également à nuancer sur trois mois de l'année où une tendance significative des gradients mensuels est observée entre 1960 et 2007 (tableau 28). En novembre, le gradient des températures minimales apparaît avec une tendance à la baisse significative ($-0,13°C.100m^{-1}.100ans^{-1}$). Dans un contexte de réchauffement, cette tendance traduit une augmentation des températures minimales plus marquée sur les tranches altitudinales élevées. En mars et avril, à l'inverse, l'évolution des gradients des températures maximales montre des tendances significatives à la hausse (+0,12 et +0,11°C.100m^{-1}.100ans^{-1}), qui traduisent alors davantage une baisse des températures maximales aux altitudes élevées. Si l'amplitude du réchauffement subi dans les Alpes du Nord depuis les années 60, peut être appréhendée sur une période plus longue à partir d'une reconstruction des températures, cette reconstitution ne peut en revanche être conduite sur les gradients des températures. Elle aurait nécessité un nombre d'observations suffisant et avec des stations reparties sur des tranches altitudinales variées.

c - Évolution des températures dans les Alpes du Nord depuis 1885

Pour les températures, la période de reconstruction retenue a été choisie sur la base de trois stations dont les observations présentent des conditions d'observation qui n'ont pas ou que très peu changé. La période 1885 à 2007, commune à ces trois séries, a été retenue pour définir les modifications climatiques s'étant ainsi opérées sur les Alpes du Nord sur plus de 120 ans. Ces trois stations avaient été préalablement écartées du calcul des gradients et des températures réduites afin de ne pas introduire de biais, et de ne pas établir des modèles de régression sur des valeurs non-indépendantes. Les données de deux stations, Annecy et Lyon, sont issues de la banque de données de Météo France, et une station, Genève, de la banque de données de Météo Suisse. Les trois séries avaient été préalablement homogénéisées à partir des algorithmes propres à Météo France (Mestre, 2000 ; Caussinus et Mestre, 2004) et à Météo Suisse (base de données « Data Warehouse »).

A partir des données fournies par ces trois stations, et des températures régionales précédemment calculées sur la période 1960 à 2007, des régressions linéaires multiples sont établies mensuellement. Pour chaque mois, pour les températures minimales et maximales, ces régressions linéaires permettent d'étendre les enregistrements sur la période 1885 à 2007. Les températures régionales minimales et maximales, calculées mensuellement sur la période 1960-2007, restent toujours fortement corrélées aux trois séries d'observation, et peuvent donc être étendues sur la période 1885-2007 avec une bonne fiabilité. Les coefficients de corrélation mensuels entre les températures régionales et les températures des stations d'Annecy, de Lyon et de Genève sont toujours supérieurs à 0,92. Par conséquent, 84,6% au minimum de la variance des températures régionales est expliqué par les séries des températures utilisées dans les modèles de régression (tableau 29).

En plus de la validation par le coefficient de corrélation (test de Bravais-Pearson), ces modèles linéaires de régression ont été également validés par le test de Fischer-Snedecor à un seuil de significativité inférieur à 1%. Les valeurs annuelles sont ensuite calculées à partir de la moyenne des valeurs mensuelles (figures 60 et 61).

Tableau 29. Coefficients R et F des régressions mensuelles entre les températures calculées sur l'ensemble des Alpes du Nord et celles des trois stations retenues pour la reconstruction des températures

Month	Tn		Tx		Tg	
	R	F	R	F	R	F
1	0,957	158,7	0,983	420,0	0,980	357,9
2	0,973	257,9	0,986	510,0	0,985	487,9
3	0,965	201,2	0,990	732,1	0,990	745,9
4	0,919	79,8	0,989	685,8	0,982	397,4
5	0,941	114,5	0,987	561,0	0,983	432,4
6	0,963	189,2	0,986	534,1	0,985	495,3
7	0,948	130,8	0,973	259,6	0,976	289,3
8	0,946	123,3	0,972	251,9	0,978	329,6
9	0,962	179,8	0,988	607,7	0,988	631,4
10	0,973	261,8	0,982	399,8	0,986	522,4
11	0,953	145,8	0,972	249,6	0,972	250,8
12	0,970	230,4	0,971	243,1	0,978	323,9

Les évolutions des anomalies annuelles, établies à partir de la moyenne climatologique de 1961-1990, de la température minimale et maximale depuis 1885 sont représentées sur les figures 62 et 63. L'évolution générale des anomalies thermiques établies pour les Alpes du Nord concorde remarquablement, et d'une manière synchrone, avec les anomalies moyennes calculées sur l'hémisphère nord continental.

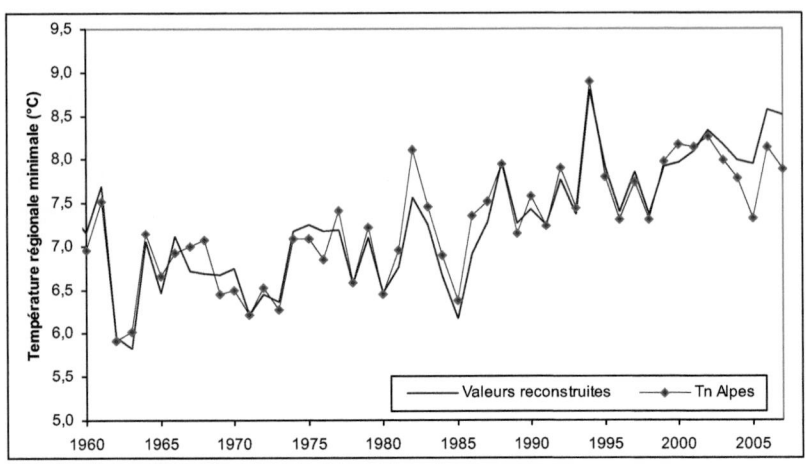

Figure 60. Sur la période 1960-2007, séries des températures annuelles minimales des Alpes du Nord calculées à partir des observations (Tn Alpes) et reconstruites avec les régressions mensuelles pour les températures Tn (valeurs reconstruites)

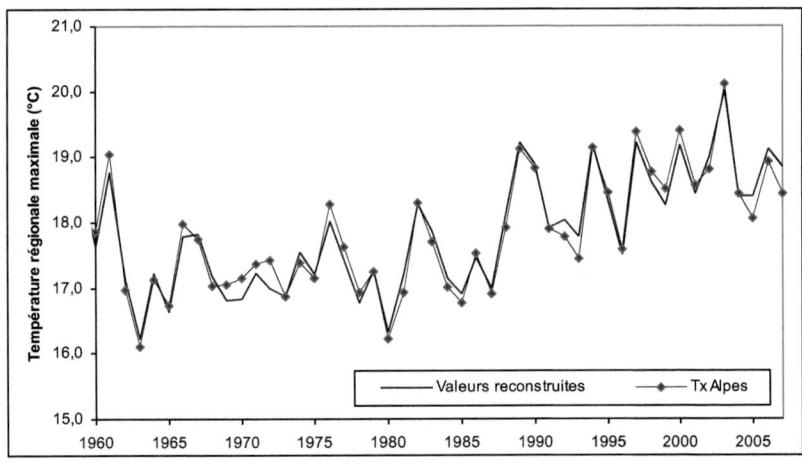

Figure 61. Sur la période 1960-2007, séries des températures annuelles maximales des Alpes du Nord calculées à partir des observations (Tx Alpes) et reconstruites avec les régressions mensuelles pour les températures Tx (valeurs reconstruites)

Depuis 1960, les écoulements de l'Isère et du Rhône ne montrent pas une évolution particulière, la hausse ou à la baisse, et qui pourrait être significative (tableau 24). Graphiquement, une tendance à la baisse de la contribution de l'Isère au transit sédimentaire du fleuve semble apparaître, associée à une légère augmentation du transport solide du Rhône depuis 1960. La hausse moyenne du flux sédimentaire du fleuve serait de 0,1 Mt.an^{-1}. On observe corrélativement un apport moyen de l'Isère d'environ 35% au début des années soixante, contre 22% au début du XXIème siècle (figure 56). La tendance serait une baisse de 0,31% par an. Cependant, toutes ces tendances ne sont pas confirmées par le test de Mann-Kendall, même au seuil de significativité de 5% (tableau 24). Elles n'ont donc pas de sens sur un plan statistique.

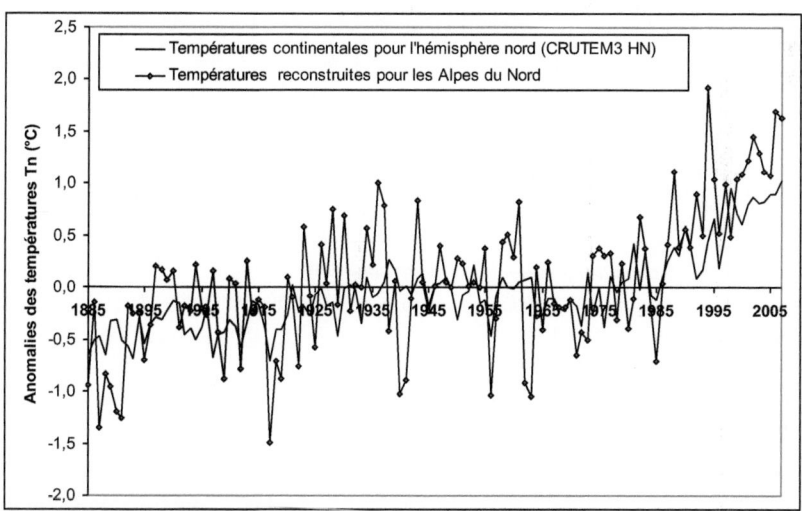

Figure 62. Anomalies des températures minimales dans les Alpes du Nord (calculées par rapport à la moyenne 1961-1990) ; comparaison avec les anomalies des températures continentales moyennes de l'hémisphère nord (CRUTEM3 HN : données Hadley Centre of the UK Meteo)

A cette échelle, les températures fluctuent dans une amplitude étroite, d'environ 0,5°C, alors que l'amplitude est de 2,5°C à l'échelle des Alpes du

Nord. L'amplification du signal climatique enregistré à l'échelle de l'hémisphère nord continental (données CRUTEM3-NH fournies par Hadley Centre of the UK Meteo Office : Easterling *et al.*, 1997 ; Brohan *et al.*, 2006 ; Jones *et al.*, 1999; Jones and Moberg, 2003 ; Rayner *et al.*, 2003, 2006) est par conséquent cinq fois plus importante sur cet espace montagneux.

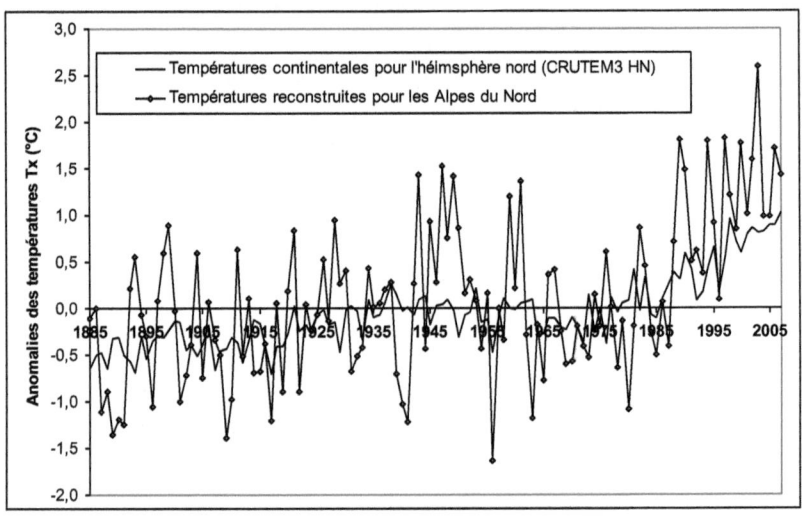

Figure 63. Anomalies des températures maximales dans les Alpes du Nord (calculées par rapport à la moyenne 1961-1990) ; comparaison avec les anomalies des températures continentales moyennes de l'hémisphère nord (CRUTEM3 HN : données Hadley Centre of the UK Meteo)

Depuis 1885, la remontée des températures est incontestable à l'échelle annuelle, avec un taux de réchauffement hautement significatif d'environ 1,1°C sur 100 ans, pour les températures minimales et maximales (tableau 29). Cette hausse rejoint d'ailleurs l'intensité du réchauffement observée à l'échelle du territoire français au cours du XXème siècle, mais qui n'avait pas été établi aussi précisément pour cet espace montagneux (Moisselin *et al.*, 2002). Sur la période 1885-2007, le changement de température dans les Alpes est un peu plus intense que l'élévation de 0,85°C sur 100 ans observée sur l'ensemble des régions continentales de l'hémisphère nord. Les températures montrent ainsi un taux de réchauffement plus accentué dans les Alpes du Nord, dépassant le taux de réchauffement, observé à l'échelle de l'hémisphère nord, de 0,23°C sur 100 ans pour les températures minimales, et de 0,29°C sur 100 ans pour les températures maximales.

L'évolution des températures à l'échelle mensuelle est parfois moins claire. D'une part, cet accroissement ne s'exprime pas avec la même intensité selon les mois. D'autre part, sur certains mois, les températures ne montrent pas toujours une hausse statistiquement avérée avec le test de Mann-Kendall (tableau 30). En février et novembre, le test de Mann-Kendall indique que ces mois n'ont pas forcément connu une remontée significative des températures minimales ou maximales. Pour les températures maximales, la hausse n'est également pas confirmée en avril, juin et septembre. Sur l'ensemble de l'année, et hormis pour les mois de février et novembre, les températures minimales ont donc davantage, et plus régulièrement, subi un réchauffement significatif que les températures maximales.

Cette forte variabilité des taux mensuels de réchauffement se retrouve également sur la période 1960-2007. La fin des années soixante, et surtout soixante-dix, marque d'ailleurs un réchauffement plus intense des températures au niveau des Alpes Nord, comme à l'échelle de l'hémisphère nord. Depuis cinquante ans, la remontée des températures dans les Alpes du Nord semble difficilement contestable à l'échelle annuelle, où une hausse sensible et hautement significative de ces valeurs s'est progressivement opérée. La hausse moyenne pour les températures minimales est équivalente à 3,4°C sur 100 ans, et équivalente à 3,9°C sur 100 ans pour les températures maximales. Sur cette même période, ce réchauffement annuel dépasse d'environ deux tiers la hausse, de 2,4°C sur 100 ans, observée sur l'ensemble des continents de l'hémisphère nord (tableau 31). A l'échelle mensuelle, le réchauffement ne s'exprime plus avec la même intensité selon les mois et la nature des températures. Ainsi sur la période 1960-2007, le taux de réchauffement mensuel significatif le plus marqué atteint 7,8°C sur 100 ans pour les températures maximales du mois de mars, et descend à 3,7°C sur 100 ans pour le taux mensuel significatif le plus réduit observé en juin sur les températures minimales. Cependant, tout comme sur la période 1885-2007, à l'échelle mensuelle, les températures observées ces cinquante dernières années ne montrent pas toujours un réchauffement incontestable. En février et en novembre, les taux de réchauffement pour les températures minimales ou maximales ne sont pas validés par le test de Mann-Kendall. Sur ces deux mois, ils sont par ailleurs réduits, voire nuls, et toujours inférieurs à ceux observés à l'échelle de l'hémisphère nord continental.

Tableau 30. Tendances linéaires calculées sur la période 1885-2007 pour l'hémisphère nord et pour les Alpes du Nord sur les valeurs reconstruites à partir des régressions mensuelles, et validation des tendances avec le test de Mann-Kendall

	CRUTEM3 NH			Tg			Tn			Tx		
	tendance °C pour 100 ans	u(t)	MK	tendance °C pour 100 ans	u(t)	MK	tendance °C pour 100 ans	u(t)	MK	tendance °C pour 100 ans	u(t)	MK
Janvier	1,12	6,53	**	1,82	3,31	**	2,19	3,79	**	1,46	2,60	**
Février	1,32	7,25	**	0,98	1,62		0,96	1,57		1,00	1,54	
Mars	1,27	8,62	**	1,36	3,21	**	0,93	2,72	**	1,79	3,04	**
Avril	0,93	8,17	**	0,67	1,89		0,59	2,12	*	0,75	1,68	
Mai	0,76	8,46	**	0,93	2,27	*	0,80	2,26	*	1,05	2,10	*
Juin	0,66	7,76	**	0,64	1,24		0,63	2,25	*	0,66	0,78	
Juillet	0,53	6,40	**	1,37	3,41	**	1,57	5,63	**	1,16	2,10	*
Août	0,61	7,38	**	1,31	3,54	**	1,53	5,87	**	1,09	2,18	*
Septembre	0,52	6,11	**	0,63	1,72		0,68	2,04	*	0,58	1,38	
Octobre	0,68	6,74	**	1,52	3,32	**	1,18	2,49	*	1,86	3,64	**
Novembre	0,87	6,48	**	0,54	1,54		0,42	1,06		0,67	1,66	
Décembre	0,88	6,08	**	1,58	3,42	**	1,52	3,25	**	1,65	3,40	**
Année	**0,85**	**9,84**	**	**1,11**	**6,06**	**	**1,08**	**6,62**	**	**1,14**	**5,23**	**

*Seuils de confiance du test de Mann-Kendall (MK): ** 0.01; * 0.05; blanc >0.05*

Sur ces cinq dernières décennies, les températures mensuelles ne montrent donc pas toujours une élévation indubitable (tableau 30). On peut observer que :

- la hausse des températures moyennes (Tg) est avérée statistiquement en mars, de mai à août et en décembre. Sur les autres mois de l'année, même si les tendances ne sont pas toujours négligeables (en janvier la hausse équivalente est de 4,6°C sur 100 ans), elles ne peuvent être validées avec le test de Mann-Kendall.

- les taux de réchauffement élevés des températures minimales mensuelles (Tn), toujours supérieurs à 3,7°C sur 100 ans, apparaissent significatifs uniquement 7 mois sur 12 : en décembre et janvier, de mai à août, et en octobre.

- enfin pour les températures maximales, les taux mensuels de réchauffement, même s'ils peuvent également être parfois importants, ne sont significatifs que 4 mois de l'année : en mars, en mai et juin, et en août. Les autres mois de l'année, il n'est pas avéré statistiquement que les températures maximales aient subi une hausse depuis 1960.

Tableau 31. Tendances linéaires calculées sur la période 1960-2007 pour l'hémisphère nord et pour les Alpes du Nord sur les valeurs calculées à partir des observations, et validation des tendances avec le test de Mann-Kendall

	CRUTEM3 NH			Tg			Tn			Tx		
	tendance °C pour 100 ans	u(t)	MK	tendance °C pour 100 ans	u(t)	MK	tendance °C pour 100 ans	u(t)	MK	tendance °C pour 100 ans	u(t)	MK
Janvier	3,18	5,14	**	4,64	1,96		4,86	2,28	*	4,41	1,72	
Février	3,08	4,21	**	1,80	0,66		0,92	0,02		2,67	0,75	
Mars	2,98	5,35	**	5,68	2,92	**	3,54	1,81		7,81	3,06	**
Avril	2,64	6,13	**	3,09	1,92		2,02	1,69		4,17	1,83	
Mai	2,14	6,81	**	5,20	3,02	**	5,01	3,59	**	5,39	2,42	*
Juin	2,13	6,22	**	4,77	2,99	**	3,73	3,20	**	5,82	2,52	*
Juillet	2,05	5,94	**	4,22	2,56	*	4,40	3,34	**	4,04	1,78	
Août	2,17	5,94	**	4,59	2,97	**	4,52	4,05	**	4,66	2,15	*
Septembre	1,94	5,48	**	1,65	1,35		2,06	1,71		1,23	0,84	
Octobre	2,05	5,12	**	3,30	1,94		3,93	2,47	*	2,66	1,37	
Novembre	2,05	4,09	**	0,15	0,12		0,36	-0,05		-0,05	0,07	
Décembre	2,58	5,23	**	4,58	2,31	*	5,09	2,51	*	4,07	1,78	
Année	2,42	6,54	**	3,64	5,05	**	3,37	5,33	**	3,91	4,21	**

*Seuils de confiance du test de Mann-Kendall (MK): ** 0.01; * 0.05; blanc >0.05*

d - Discussion et conclusion

• *Caractérisation globale des températures sur un espace montagnard*

L'importance de la température est considérable tant sur les conditions environnementales générales que dans les activités humaines. Sa connaissance se heurte pourtant à de sérieuses difficultés. Dans une même région, les températures changent d'un endroit à l'autre, et d'une manière beaucoup plus aiguë en montagne selon le relief et la topographie locale (Erpicum, 1984 ; Fallot, 1992 ; Carrega, 1994 ; Lhotellier, 2005). Il existe naturellement plusieurs façons de caractériser les températures et de les décrire. Il est fréquent que l'on se borne à définir les conditions thermiques d'un secteur montagneux à partir d'une seule station ou par un nombre réduit de stations météorologiques. Lorsque l'on veut intégrer dans son étude et prendre en compte un grand nombre de mesures, qui renforce la robustesse d'une analyse, qui élimine les singularités possibles de mesures isolées ou atypiques, il est possible de tracer, par mois ou par année, les isothermes. Une vision précise du paysage thermique du secteur est alors donnée par la construction de ces cartes. Dans un relief fortement contrasté comme le massif alpin, les méthodes d'interpolation sont d'une utilisation malaisée. L'usage de modèles régressifs fondés sur des paramètres décrivant le terrain, éventuellement à plusieurs échelles, procure des cartes à la validité supérieure (Lhotellier, 2005). Par ailleurs, la spatialisation des températures lors des inversions thermiques, fréquentes en hiver, est rendue délicate par l'utilisation de modèles construits avec des régressions multiples linéaires (utilisant par ailleurs des paramètres parfois intrinsèquement inter-corrélés, par exemple, l'orientation et la radiation potentielle). Les cartes du nombre de jours de gel en 1995 montrent une décroissance régulière du nombre de jours de gel du fond des vallées aux zones sommitales montrent que ces inversions thermiques n'ont pas été toujours bien estimées par les modèles. Aussi, la spatialisation des températures à partir de ces modèles régressifs au pas de temps journalier, mais aussi mensuel, reste toujours délicate. A l'échelle mensuelle, certaines cartes mensuelles s'appuient sur des modèles dont parfois 40% seulement de la variance des températures est expliquée (Lhotellier, 2005).

Par ailleurs, déterminer mensuellement un indicateur thermique synthétique à l'échelle régionale à partir de cartes, par exemple avec le calcul d'une température moyenne, conduit nécessairement à être fortement tributaire de la zone cartographiée et de la méthode retenue pour spatialiser les données. L'estimation de la température réduite et des gradients au moyen des altitudes des postes de mesure permet ainsi s'affranchir de la nécessité de spatialiser les températures et des incertitudes qui en découlent. Sur cet espace montagneux, on peut ainsi calculer, mois après mois, d'une manière synthétique, représentative et reproductible ces deux indicateurs thermiques. La comparaison interannuelle et la mise en avant de tendances séculaires, avec des indicateurs construits de manière identique, sont alors envisageables. Les évolutions des gradients et des températures régionales dans les Alpes du Nord sont donc contrastées selon l'échelle de temps retenue (mensuelle ou annuelle), la nature des températures (Tn, Tx, Tg), et dans une moindre mesure en fonction de la période retenue dans le cadre de cette étude. On peut observer que les modifications des températures se sont, d'une part, opérées sur l'ensemble des tranches altitudinales. Et d'autre part, que la hausse des températures annuelles est incontestable, mais doit cependant être nuancée à l'échelle mensuelle. Selon les mois et la nature des températures, la croissance des températures apparaît d'une manière plus ou moins évidente.

• *Estimation et évolution des décroissances altitudinales des températures*

L'analyse des gradients est une approche classique pour caractériser et dégager les spécificités des régions de montagne. Ces taux de croissance, ou de décroissance, sont cependant très variables d'une région à une autre. Aussi, une connaissance locale ou régionale implique souvent une analyse détaillée des variations altitudinales du paramètre que l'on souhaite saisir. Parmi les facteurs rendus singuliers par la présence des montagnes, la température tient également une place importante, peut-être même la plus importante de par ses conséquences sur une multitude de facteurs environnementaux. Certes, il est bien connu que les températures diminuent lorsque l'altitude augmente, car la pression atmosphérique diminue, et que la décroissance moyenne mensuelle ou annuelle se situe généralement entre 0,4°C et 0,9°C par 100 mètres d'élévation. Cette variabilité du taux de décroissance montre précisément que cette diminution en altitude de la température constitue déjà en soi un phénomène complexe à analyser. Leur estimation permet aussi dans le même temps de réduire un grand nombre de mesures, et de pouvoir ainsi dégager une vision synthétique des températures dans un espace montagneux toujours complexe. L'évolution interannuelle des gradients sur ces cinquante dernières années est sans doute la plus délicate à saisir. Les gradients annuels ou mensuels présentent une forte variabilité interannuelle, et hormis en novembre pour les températures minimales, et en mars-avril pour les températures maximales, ils ne laissent pas apparaître une évolution significative depuis 1960. La stationnarité des gradients sur ces cinquante dernières années reflète ainsi indirectement que le changement de températures dans les Alpes affecte d'une manière relativement uniforme l'ensemble de cet espace. Hormis en novembre pour les températures minimales et en mars avril pour les températures maximales, le réchauffement n'est donc pas particulièrement plus fort, ou atténué, dans les tranches altitudinales élevées. La variation saisonnière de ces valeurs est en revanche plus aisée à comprendre. Les gradients faibles en hiver et plus forts en été montrent clairement l'influence des inversions thermiques hivernales sur les minima. Cette observation n'est pas nouvelle, elle est néanmoins précisée et évaluée pour les Alpes du Nord. Elle permet aussi indirectement de valider pour partie ces résultats ; une variation saisonnière chaotique des gradients aurait été plus difficile à comprendre, si ce n'est par l'intégration de séries thermiques non homogènes dans les calculs.

• *Évolution des températures dans les Alpes du Nord*

Entre 1885 et 2007, ou depuis 1960, le changement de température dans les Alpes est particulièrement visible à l'échelle annuelle. Pour la période 1885-2007, à l'échelle annuelle, la montagne alpine a subi les modifications globales du changement climatique sans beaucoup les amplifier. Depuis 1960, il n'en est pas de même, les taux de réchauffement observés sont devenus plus intenses. Sur ces dernières décennies, cette amplification est encore plus nette à l'échelle mensuelle où les taux de réchauffement sont fréquemment supérieurs à 4°C sur 100 ans alors que pour les régions continentales de l'hémisphère nord le taux mensuel moyen est de 2,4°C pour 100 ans. L'accroissement des températures mensuelles ne s'exprime cependant plus tout à fait avec la même régularité et avec la même intensité selon les mois. Et quelle que soit la période retenue, sur certains mois de l'année, les températures mensuelles ne montrent pas toujours un réchauffement incontestable et significatif. Par ailleurs, sur les deux périodes étudiées, les températures minimales mensuelles restent toujours plus affectées que les températures maximales par le changement de température dans les Alpes.

E - CONCLUSION SUR LES EVOLUTIONS ENVIRONNEMENTALES DES MILIEUX ALPINS

A partir de quatre applications détaillées, il a été essayé de montrer la difficulté de caractériser l'état d'un milieu, puis de suivre son évolution au cours du temps. A partir de séries d'observations souvent réduites à quelques années, étendre la connaissance d'un phénomène sur plusieurs décennies, voire plus d'un siècle, permet cependant de mieux envisager et préparer ses réactions, de mieux anticiper ses modifications à la suite d'initiatives ou d'actions environnementales, souvent indispensables à mener (figure 64). La plupart des phénomènes environnementaux observés dans les Alpes restent évidemment complexes, il est donc toujours difficile d'évaluer les multiples conséquences à venir engendrées par une modification d'un milieu. Une perturbation, même réduite, peut rapidement, ou à plus long terme, avoir des conséquences considérables sur un environnement. Certes, il subsiste, et subsistera sans doute toujours, bien des incertitudes relatives aux modifications attendues, à la capacité d'absorption du milieu, voire à la capacité d'adaptation des sociétés et du milieu lui-même.

Cependant, il serait encore bien plus hasardeux de vouloir tirer des conclusions sur la base d'une compréhension saisie à partir d'observations trop localisées ou inscrites sur un laps de temps trop court. Selon moi, il reste indispensable de pouvoir se reporter à des tendances globales, établies sur des observations longues, pour entrevoir les conséquences possibles d'une prise de décision en termes d'aménagement ou de gestion d'un milieu. L'enjeu est de taille. Des décisions peuvent avoir des conséquences sur le long terme, certaines décisions peuvent même être irréversibles, ou avec un coût faramineux pour faire marche arrière.

Les quatre thématiques étudiées dans le cadre de ce livre permettent tour à tour de cerner les difficultés des approches quantitatives et de détailler les caractéristiques de processus environnementaux propres à des milieux alpins. Ces quatre thèmes restent étroitement interdépendants, tant au niveau des observations des dynamiques actuelles de ces espaces alpins, que dans des projections futures associées au changement climatique planétaire. En effet, dans les prochaines décennies, l'extension de la forêt sera largement tributaire de l'évolution des températures. Cette extension de la couverture forestière ne sera pas sans conséquence sur la disponibilité en eau de ces régions, même s'il s'agit d'un espace où l'eau ne fait pas défaut. Par ailleurs, la disponibilité en eau affectera les écoulements, et par la même les intensités de l'érosion. Ainsi, une plus grande connaissance de la dynamique de ces milieux et de ses processus, où des interactions étroites et complexes entre le climat et les actions de l'homme interviennent, permet d'apprécier d'une manière plus étayées et nuancées, les transformations environnementales attendues, ou imaginées, pour ces prochaines décennies.

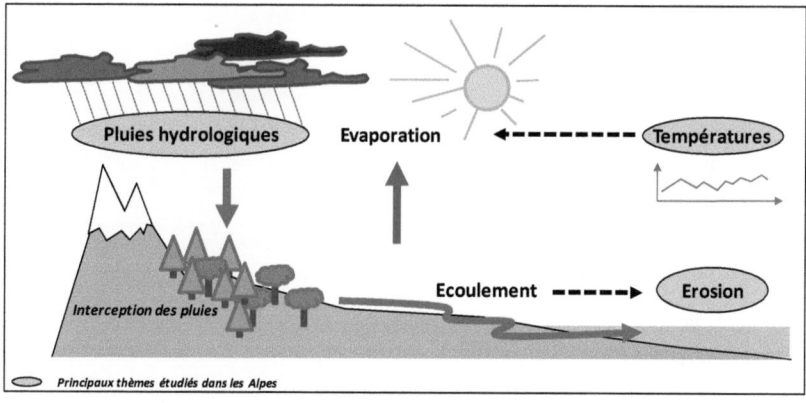

Figure 64. Les grandes phases du cycle de l'eau appréhendées plus ou moins directement dans le cadre de cet ouvrage

Les modifications environnementales observées au cours du XIXème siècle, et surtout au cours du XXème siècle, dans les régions alpines sont indéniables. Elles restent cependant à nuancer, parfois fortement, selon la nature des variables étudiées et le pas de temps des observations. Ces espaces montagnards restent des témoins remarquables de modifications environnementales de par la réactivité de ces écosystèmes et la grande sensibilité des réponses des milieux à une impulsion climatique ou anthropique durable, même de faible intensité. La régression des glaciers alpins, depuis les années cinquante, en est l'expression la plus connue. Depuis le milieu du XIXème siècle, ou au XXème siècle, les taux d'évolution observés restent cependant souvent relativement modestes, et pour les températures, toujours très inférieurs aux évolutions prévues pour le siècle à venir.

La complexité des milieux naturels, la difficulté aussi de suivre rigoureusement leur évolution sur des temps longs, et implique des études sur des thèmes relativement circonscrits. L'étroite interdépendance socio-économique avec ces évolutions nécessite en revanche, notamment pour les décideurs, des approches plus globalisantes, et prudentes. Les conséquences du réchauffement attendu à l'échelle de la planète font peser un grand nombre d'incertitudes, et tout particulièrement sur ces espaces montagnards. La constitution minutieuse d'une connaissance précise et fine d'un grand nombre de variables des écosystèmes montagnards, de leurs évolutions récentes, permettra sans doute et progressivement de mieux anticiper les conséquences envisageables, et envisagées, liées aux changements climatiques planétaires.

*Vous arrivez devant la nature avec des théories,
la nature flanque tout par terre.*

Auguste Renoir

CHAPITRE IV
ÉVOLUTION ET RUPTURES DANS LE DELTA DU SÉNÉGAL SOUS L'INFLUENCE DE L'HOMME

Dans la partie précédente de cet ouvrage, l'action de l'homme a été peu intégrée, ou d'une manière très indirecte, au profit de l'évolution des paramètres et phénomènes environnementaux. Cette partie aborde plus directement l'action de l'homme et les conséquences de ses décisions et de ses choix de gestion. Les lentes évolutions du milieu laissent place alors à des modifications plus profondes, visibles parfois sur un laps de temps très court, ou émergentes plus progressivement.

Comment articuler les évolutions et les dynamiques de ces milieux avec les transformations produites par ces aménagements ? Et sur le long terme, comment reconnaître certains impacts de ces transformations associées au développement économique, à l'utilisation des ressources ou à la gestion des milieux naturels ? Cette partie, et dans un tout autre contexte que celui des montagnes alpines, ces questions sont justement abordées plus précisément. Elles s'inscrivent totalement dans la problématique générale de cet ouvrage, axée sur l'évolution et la transformation des milieux. En abordant le rôle des interventions humaines dans les modifications environnementales, ces questions viennent logiquement compléter les études et analyses précédentes. Pour mieux saisir ces modifications, le delta du fleuve Sénégal est utilisé comme dernier exemple (figure 65).

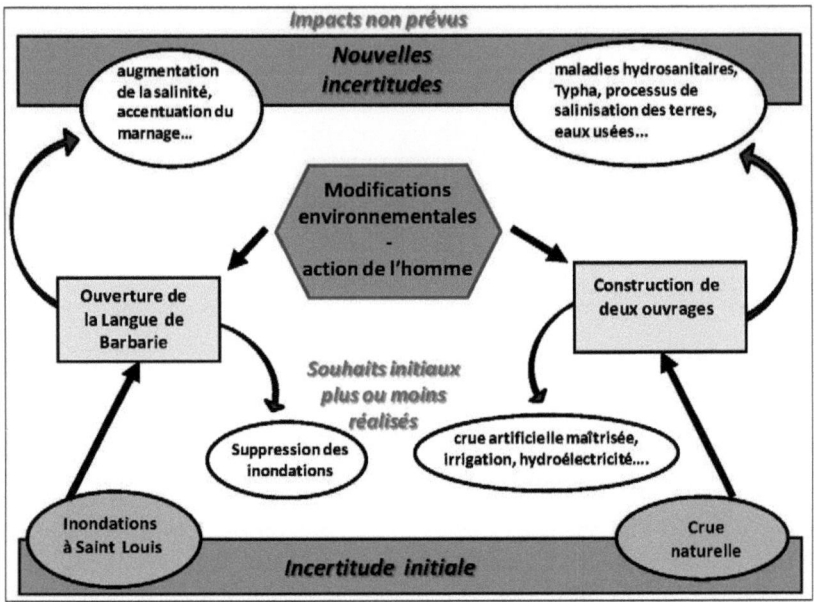

Figure 65. Schématisation systémique des principales modifications environnementales liées à des actions humaines dans le bassin du Sénégal et de ses conséquences

En effet, depuis la fin des années 80, la vallée du Sénégal et son delta ont connu des transformations rapides et parfois brutales. Une première transformation est consécutive à l'évolution des précipitations sur l'ensemble de l'Afrique de l'Ouest. Une péjoration pluviométrique durable impose alors l'idée d'implanter deux barrages sur le fleuve. Une seconde est liée à un nouveau choix technique et hydraulique correspondant à l'ouverture artificielle de la langue de Barbarie pour lutter contre les inondations dans la ville de St Louis (figure 66). Elle marque une nouvelle rupture de ce milieu. Cette décision a de multiples impacts qui viennent se superposer aux précédents, et rendent encore plus incertaines les évolutions pour ces prochaines années de l'ensemble de ces milieux. Sa grande sensibilité aux modifications, ses aménagements hydrauliques et les modalités de gestion des ouvrages font de cet espace un témoin particulièrement intéressant des évolutions environnementales sous l'influence d'actions humaines. Cette partie fait suite à un travail collectif, et à plusieurs missions sur le terrain dans le delta (Mietton *et al*., 2008 ; Dumas *et al*. 2010). Ce travail de recherche conduit collectivement sur ce secteur souligne notamment l'urgence d'établir des modèles de gestion hydraulique prenant en compte non seulement la multiplicité des usages de l'eau dans la moyenne vallée et le delta, mais aussi la sécurité et la qualité (salinité) de l'eau en aval de Diama.

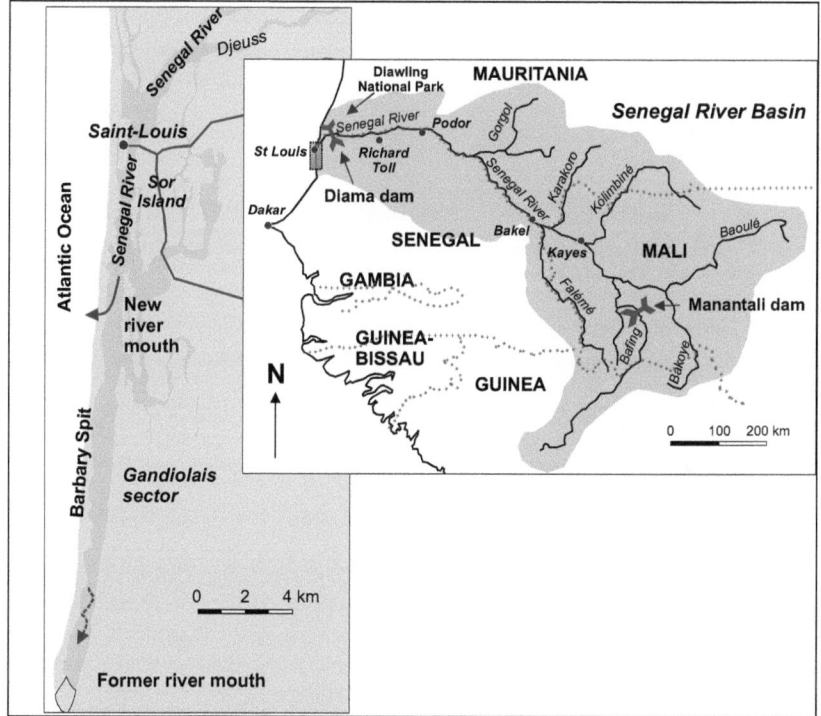

Figure 66. Bassin du fleuve Sénégal et sa nouvelle embouchure après l'ouverture de la Langue de Barbarie en 2003 (Dumas et al., 2010)

A - Contexte historique

En Afrique subsaharienne, la saison des pluies est plus ou moins courte, plus ou moins marquée selon les années. Le contexte sahélien du bas delta, associé à une forte variabilité interannuelle des pluies et des écoulements, n'échappe donc pas à ce constat. La faiblesse de la pluviométrie, associée à cette variabilité, oblige les populations sahéliennes à un mode de vie intégrant ces variabilités saisonnières. Cette eau incertaine commande pourtant les ressources agricole et pastorale, et favorise de la part des populations locales des stratégies d'adaptation. L'une d'elles est sans doute de rechercher une implantation le long des rives du fleuve, où l'eau arrive avec une plus grande abondance et une certaine régularité. Mais les agriculteurs, et plus encore les éleveurs, ne sont pas pour autant protégés des aléas climatiques. Des stratégies agro-pastorales de défense, d'adaptation, ajustées tout au long de l'histoire, peuvent alors répondre à des baisses de courte durée de la pluviométrie. Ces adaptations, souvent rapides, parfois douloureuses, s'inscrivent dans un cadre temporel connu et saisonnier. Les sociétés savent qu'elles devront jouer et composer avec différents paramètres successifs ; date de début des pluies efficaces, épisodes secs au sein de la saison pluvieuse, durée, quantité d'eau (Sultan *et al.*, 2008 ; Marteau *et al.*, 2010 ; Traoré *et al.*, 2011 ; Sultan, 2011) . Il devient en revanche nettement plus difficile pour ces sociétés de faire face à une modification régionale et durable du contexte climatique.

Au cours des deux décennies 70 et 80, toute l'Afrique de l'Ouest est affectée par la sécheresse. Le tracé des isohyètes moyennes décennales en atteste (Puech, 1983 ; Albergel *et al.*, 1984 ; Bigot *et al.*, 2005), l'isohyète 900mm se repliant de près de deux degrés sur certains méridiens (figure 67).

Dans la zone soudano-sahélienne, la péjoration est sévère pour les écoulements du fleuve Sénégal, dont le débit moyen annuel, à Bakel, baisse de 75% en moyenne entre 1970 et 1990, et de 50% pour la seule décennie 80 (Mahé et Olivry, 1995). Les précipitations enregistrées à St-Louis sur l'ensemble du XXème siècle montrent, aussi, très clairement cette péjoration pluviométrique (figure 68).

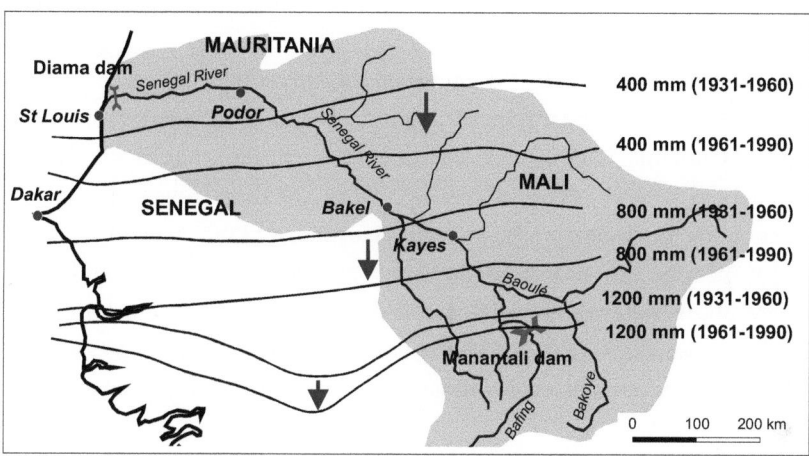

Figure 67. Modification des isohyètes entre les périodes 1931-1960 et 1961-1990 (données OMVS, et d'après Puech, 1983)

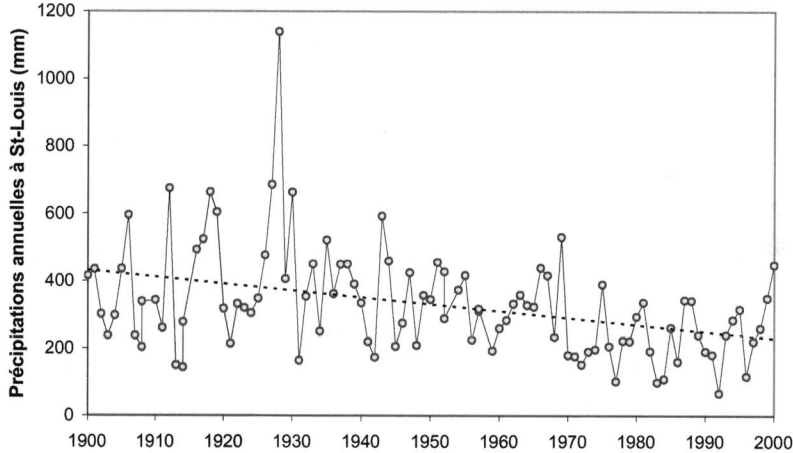

Figure 68. Évolution des précipitations annuelles enregistrées à St-Louis (données OMVS-IRD)

Dès lors, il est tentant pour nos sociétés techniciennes d'appliquer à ce mal chronique un remède tel que le barrage. La sécheresse des décennies 70 et 80, sur l'ensemble de l'Afrique de l'Ouest a favorisé l'émergence de cette réponse. Cela a été le cas dans le bassin du fleuve Sénégal avec d'abord la mise en place en mars 1972 d'un organisme tripartite, l'Office de Mise en Valeur du fleuve Sénégal (OMVS), dont la volonté politique transnationale (Mali, Mauritanie, Sénégal) dépasse alors les particularismes ou oppositions habituels. L'OMVS lance alors les études de deux ouvrages, puis la construction de Diama (1985) et de Manantali (1988), à la fin de cette longue période de sécheresse de vingt années. Ainsi, depuis la fin des années 80, la vallée du Sénégal et son delta ont connu des transformations rapides et radicales avec la construction de ces deux ouvrages associés à celle de digues et de diverses infrastructures hydrauliques ces constructions et celles des digues.

La construction de ces barrages modifie durablement la vallée, ce qui est apparemment peu original, hormis que l'on a affaire là à deux barrages dont la gestion couplée est nécessairement plus difficile. La crue naturelle laisse place à une crue artificielle, et à une certaine maîtrise des flux et des niveaux du fleuve. Cette rupture est alors particulièrement inédite de l'aval vers l'amont en ce qui concerne la qualité des eaux, puisque le barrage de Diama bloque désormais la remontée saline des eaux marines dans la vallée. Depuis la construction de ces ouvrages, la gestion de l'eau, moteur de la productivité des écosystèmes de plaines inondables et de l'estuaire du fleuve Sénégal, dépend aujourd'hui en majeure partie de décisions humaines. Mais malgré une plus grande maîtrise des flux hydrologiques, la ville de St-Louis enregistre toujours des inondations importantes (notamment en 1994, 1999 et 2003). La gestion couplée des deux barrages, déjà difficile à établir en elle-même, n'intègre pas ou trop peu les préoccupations sécuritaires en aval de Diama. En octobre 2003, une seconde transformation du milieu, encore plus brutale, touche l'ensemble du bas-delta. Cette fois-ci encore, elle est liée à un choix technique et hydraulique. Il s'agit d'une ouverture artificielle de la langue de Barbarie pour lutter alors contre une inondation majeure dans la ville de St Louis. Ce canal de délestage, initialement de 4 mètres de large, s'est rapidement développé en une brèche de plusieurs centaines de mètres de large (Kane *et al.*, 2003). Cette intervention est bénéfique dans l'instant, l'inondation est effacée, mais désormais redoutable, car le percement artificiel de la langue de Barbarie modifie une nouvelle fois radicalement le contexte environnemental du bas-delta. Il marque une seconde rupture. Cette décision a de multiples impacts qui viennent se superposer aux précédents et rendent toujours plus incertains les plans de gestion de l'ensemble de ces milieux. L'amélioration de l'hydraulicité de la zone en aval du barrage a fait que les inondations ont disparu depuis lors, mais pour autant que la gestion des barrages se limite à la section du fleuve entre les deux barrages de Manantali et de Diama, le risque n'a probablement pas totalement disparu. En revanche la relation de l'estuaire avec l'océan a été totalement modifiée, l'ouverture s'accompagne d'une forte intrusion marine dans le bas estuaire. L'intrusion d'eau salée dans l'estuaire menace les écosystèmes et la ressource en eau douce, modifie brutalement des pratiques culturales telles que le maraîchage du Gandiolais. Le marnage du fleuve est devenu important, les eaux salées remontent désormais dans l'estuaire, malgré des déversements continus de Diama depuis 2002, et contaminent les eaux douces largement utilisées par les populations locales. Un nouveau plan de gestion des eaux du bas-delta est encore à construire.

B - Cadre conceptuel et méthodologique

Les systèmes agro-pastoraux du delta et de l'ensemble de la vallée du Sénégal se sont longtemps reposés sur une adaptation subtile aux variations interannuelles des précipitations et des écoulements. La construction des deux barrages et des nombreuses digues associées, et plus récemment l'ouverture artificielle de la langue de la Langue de Barbarie, ont donc radicalement modifié les conditions hydrologiques du moyen delta et de l'ensemble estuaire (figure 66). Les systèmes agro-pastoraux ont dû s'adapter.

a - Adaptation et résilience

Les concepts de robustesse et de résilience sont souvent utilisés pour décrire et comprendre les transformations de ces systèmes agro-pastoraux intégrés dans des milieux environnementaux à forte variabilité interannuelle (Gunderson and Holling, 2002 ; Berkes *et al.*, 2003 ; Anderies *et al.*, 2004, Janssen *et al.*, 2007). La notion de résilience est tout particulièrement intéressante dans le cadre de cette étude. En effet, elle décrit la capacité d'un système à éprouver des *perturbations*, à s'adapter aux modifications, et à se maintenir en modifiant éventuellement certaines de ses composantes (Holling, 1973 et 1978). Au-delà de certains seuils, ces systèmes basculent dans un autre régime, avec une forte modification structurelle, appelé « régime alternatif ». Dans le delta du Sénégal et l'estuaire, l'ensemble du système a justement subi, depuis la fin des années 80, une véritable modification structurelle (Scheffer *et al.*, 2001, Carpenter, 2003 ; Walker *et al.*, 2006), qui semble irréversible à moyen terme.

Si ces régimes alternatifs, liés aux aménagements hydrauliques, présentent des effets positifs pour les uns, pour d'autres, voire pour ceux qui en tirent directement bénéfice, ils s'accompagnent en retour d'effets non voulus. De nouveaux « désordres » apparaissent, parfois liés à des tâtonnements successifs dans la gestion couplée des deux ouvrages hydrauliques, mais aussi à des impacts négatifs, non prévus, ou non imaginés initialement. Les solutions de compensation, ou d'atténuation, de ces effets ne pouvaient dès lors être recherchées. Ces modifications permanentes, sans intégration d'objectif de gestion vers l'aval Diama, imposent de sérieuses contraintes aux gestionnaires et aux populations locales du bas delta.

Au sein de ces régimes alternatifs émergeants, ces effets indésirables sont d'autant plus préoccupants qu'ils sont souvent, et justement, très résilients. Par exemple, la prolifération du *Thypa*, la salinisation des eaux et des nappes d'eau proches du fleuve, ou encore l'augmentation du marnage dans l'ensemble de l'estuaire. Or, ces aménagements hydrauliques ont été aussi réalisés afin d'améliorer l'utilisation l'eau et de diminuer les incertitudes hydrologiques pesant sur les populations (Gunderson, 1999 ; Gunderson and Holling, 2002 ; Walker *et al.*, 2003 ; Pahl-Wostl *et al.*, 2007). Nombre de ces incertitudes sont le fruit d'études d'impacts (Gannett, Fleming, Corddry, and Carpenter Inc. 1978, 1980 ; Euroconsult and Sir Alexander Gibb Inc., 1990) qui n'ont pas su mettre en évidence toutes les difficultés qui seraient générées par une transformation aussi radicale du paysage (Engelhard, 1991; Kane, 1997; Blanchon, 2003 ; Leroy, 2006) ou bien n'auraient pas pour objet d'établir des solutions de compensation réelles, effectives sur le terrain. c'est-à-dire bénéficiant de financements aussi immédiats que ceux permettant la construction coûteuse des barrages eux-mêmes (Mietton *et al.*, 2008). A ceux qui font valoir que les bénéfices d'un barrage doivent être raisonnablement attendus et acceptés sur un délai assez long, il est aisé de répondre que ce temps d'adaptation et d'incertitude est très difficile à vivre pour les acteurs locaux, et qu'il convient de le préparer et de le réduire au maximum. C'est le temps des adaptations accélérées, contradictoires parfois, car chaque groupe socio-professionnel peut désormais réclamer le bénéfice d'une ou plusieurs crues maîtrisées. Les crises climatiques et leurs conséquences sont dès lors moins comprises, moins supportables, et parfois même n'apparaissent plus acceptables. La variabilité des pluies associée à une faiblesse des précipitations, a toujours été un facteur inhérent à tous ceux qui vivent dans les régions sahéliennes. Les stratégies mises en place par les sociétés permettaient de limiter ou atténuer ces risques climatiques (Boutillier et Schmitz, 1987). L'implantation de ces ouvrages change complètement la donne dans la relation entretenue par ces sociétés depuis des siècles avec l'incertitude et les risques climatiques.

Ainsi, les incertitudes changent de nature, l'homme n'apparaissant pas tout à fait maître des outils ou des solutions qu'il se donne. Les scientifiques eux-mêmes ont peu de certitudes, s'interrogeant sur de possibles effets de seuil, sur les temps de réponse de tel ou tel paramètre. Les adaptations répétées nécessaires pour les acteurs vivant au plus près du fleuve provoquent lassitude, désillusion ou pour le moins des difficultés économiques dans le cadre de modes de production nouveaux.

b - Bilan des actions humaines

• *Implantation des deux ouvrages*

Initialement, lors de la construction des deux barrages, l'OMVS se fixe pour objectif prioritaire de réduire la dépendance alimentaire, des trois pays concernés, par la création de 375 000 ha de surfaces irriguées : 240 000 ha au Sénégal, 126 000 ha en Mauritanie et 9 000 ha au Mali (Venema *et al.*, 1997). La productivité annuelle de ces aménagements hydro-agricoles est prévue à 12 tonnes par hectare, couplée à un taux de croissance du secteur agricole de 10% par an (Leroy, 2006). A cette fin, à l'aval du bassin, la construction du barrage de Diama a pour objectif d'arrêter la remontée du biseau salé dans la vallée du Sénégal. En amont, celui de Manantali, dont la retenue, d'un volume de 12 km^3, a pour fonctions principales de satisfaire les besoins en eau des surfaces irriguées et d'alimenter en électricité les trois capitales, dont la démographie explose, avec la création d'une centrale hydroélectrique pouvant produire plus de 800 Gwh par an. Dans la mesure, où le barrage de Manantali offre la possibilité de soutenir les étiages en saison sèche, on affiche également une volonté de développer la navigation fluviale tout au long de l'année, de Saint-Louis jusqu'à Kayes au Mali. Actuellement, les objectifs de l'OMVS sont principalement orientés vers le développement de l'agriculture irriguée dans les anciennes plaines inondables et vers la production d'hydroélectricité à Manantali (depuis 2002). Deux décennies après la mise en place de ces aménagements, il est possible de dresser un bilan par comparaison des résultats avec les objectifs initiaux dans les trois domaines habituels : navigation, irrigation et production hydroélectrique.

- L'amélioration de la navigabilité du fleuve jusqu'au Mali n'est pas effective. Pouvait-elle l'être d'ailleurs ? Elle aurait nécessité des améliorations dans le calibrage du lit et donc des financements lourds, d'autant plus improbables que les échanges entre le Mali et l'océan ne sont pas orientés sur St Louis qui manque de véritables infrastructures portuaires. L'arrivée récente à St Louis du célèbre *Bou-el-Mogdad*, reconverti en bateau de croisière promenant les touristes jusqu'à Richard Toll ou Podor, relève de l'anecdote et ne change rien au caractère illusoire de cet objectif.

- L'agriculture irriguée, avec 125 000 ha actuellement aménagés en grands périmètres, se développe nettement moins vite que prévu (Bader *et al.*, 2003). Sur chacun d'entre eux, les surfaces aménagées sont encore loin d'être cultivées intégralement. A l'échelle de la parcelle, les rendements s'affaissent très vite pour ne pas dépasser 4 tonnes par hectare en moyenne au bout de la 3ème année (Ceuppens et Woperei, 1999). Ces mauvais rendements sont liés à plusieurs facteurs, et tout particulièrement à des causes hydrauliques (de Montgolfier, 1996). Par ailleurs, ces terres restent fragiles à cause des processus de salinisation. On sait que la protection contre ce risque exige un réseau de drainage bien conçu, à double fonction : d'une part, maintenir à un niveau suffisamment profond (au moins 70 cm) le toit de la nappe salée afin d'éviter un contact hydraulique entre cette dernière et la lame d'eau recouvrant la rizière ; d'autre part, évacuer complètement, à certaines périodes, cette lame d'eau afin d'éviter que les parcelles ne fonctionnent comme des bassins de concentration des sels dissous dans l'eau d'irrigation. Les problèmes ne sont pas seulement d'ordre quantitatif, mais qualitatif avec les eaux usées, chargées de pesticides, d'herbicides, que l'on ne sait où évacuer (Mietton *et al.*, 1991 ; Humbert *et al.*, 1995) car si l'étude d'impact prévoyait bien la construction d'un canal-émissaire (UNEP/UCC-Water/SGPRE, 2002), son financement n'en était pas prévu et à ce jour il est encore incomplet. En pratique, le drainage est trop souvent absent, mal réalisé ou mal entretenu (Pesneaud, 1996 ; Leroy, 2006), entraînant la salinisation de périmètres qui doivent être abandonnés. Mauvaise maîtrise du drainage, mais aussi difficulté à contrôler l'horizontalité des parcelles, par ailleurs trop grandes en l'absence d'une agriculture suffisamment mécanisée. Une réhabilitation des périmètres s'impose à courte périodicité, évidemment coûteuse pour les associations d'agriculteurs. Cette riziculture a au total un gros coût social et écologique, alors que la qualité des hommes n'est pas en cause, même s'il est vrai qu'ils n'ont que peu de «culture hydraulique». Le choix de créer de toutes pièces une riziculture irriguée a procédé de choix macro-économiques, nationaux, confortés par la possibilité d'aménager un magnifique espace amphibie, peu occupé jusque-là, avec une eau à faible coût (Boutiller, 1989). Mais les blocages actuels sont nombreux, pas seulement environnementaux, mais financiers et institutionnels également, et on peut s'interroger sur l'avenir du modèle choisi devant tant de défis (Pesneaud, 1996).

- La production hydroélectrique représente un objectif atteint depuis la fin de l'année 2002. L'alimentation des trois capitales est assurée. Ce bénéfice à l'échelle des pays concernés est loin d'être négligeable. Pour qui a connu Bamako par exemple dans les années 80 et compare avec la situation actuelle, les conditions de vie et de production ont favorablement évolué (Leroy, 2006). Toutefois, cette production, dont le seuil de rentabilité économique est évalué à 800 GWh/an, est soumise à des contraintes nouvelles liées à la conciliation entre objectifs plus ou moins contradictoires. La réserve de Manantali est en effet sollicitée pour produire de l'hydroélectricité, mais aussi pour soutenir les faibles crues et les cultures de décrue et aussi les débits d'étiage et les cultures irriguées (Bader *et al.*, 2003). L'intérêt de l'agriculture extensive de décrue (Acreman *et al.*, 2000 ; Acreman, 2001), dont les rendements sont faibles (1 tonne.$ha^{-1}.an^{-1}$), avait été manifestement sous-estimé. Alors qu'elle devait être maintenue de manière transitoire, il s'avère qu'elle reste encore indispensable pour les populations de la basse vallée. Les objectifs assignés au barrage de Manantali peuvent dès lors devenir contradictoire avec d'un côté la nécessité de stocker des volumes d'eau importants pour la production hydroélectrique, et de l'autre part, des lâchés opérés pour soutenir la crue naturelle et qui ne peuvent être totalement turbinés.

Objectifs contradictoires, adaptations accélérées, le temps des incertitudes n'est donc pas révolu malgré ces aménagements. Une certaine maîtrise de l'eau commence toutefois à porter ses fruits, du moins en rive mauritanienne, tant du point de vue de l'amélioration de la biodiversité que de la production économique.

• *L'ouverture de la Langue de Barbarie*

A la fin de l'année 2003, un nouvel événement vient modifier la donne avec une ouverture artificielle de la langue de Barbarie. Durant le mois de septembre 2003, le fleuve Sénégal est progressivement en crue. En septembre 2003, la crue du fleuve Sénégal engendre une forte inondation sur la ville de St-Louis. Si l'on admet que la cote IGN d'alerte des inondations de la ville de St-Louis se place autour de 1,20 m (PNUE, 2002), la ville commence à être inondée à partir du 1er septembre. La cote de 1,25 m semble être plus proche de la réalité (communication de I. Diop, responsable du service hydraulique de St-Louis), d'ailleurs c'est à partir du 8 septembre que cette cote est dépassée, ce qui correspond assez bien aux observations de terrain (figure 69).

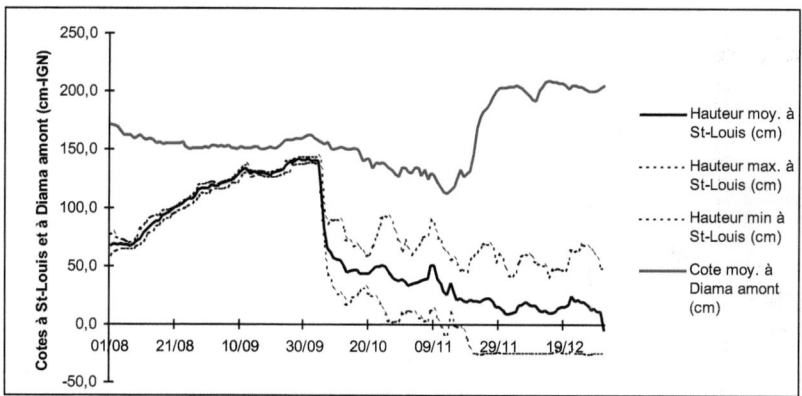

Figure 69. Hauteurs journalières du fleuve relevées à St-Louis et à l'amont de Diama à la fin de l'année 2003 (données OMVS)

Le débit à Bakel enregistre un maximum de 3505 m^3.s^{-1} le 23 septembre (en gras sur la figure 70). Le niveau de l'eau à St Louis est à une cote IGN maximale de 1,42 m le 28 septembre, et reste les jours suivants à 1,41 m. En outre, les effets de cette première inondation risquent d'être amplifiés par l'arrivée d'une nouvelle onde de crue, alors observée dans le même temps à l'amont (Bakel), et dont l'arrivée est prévue une vingtaine de jours plus tard.

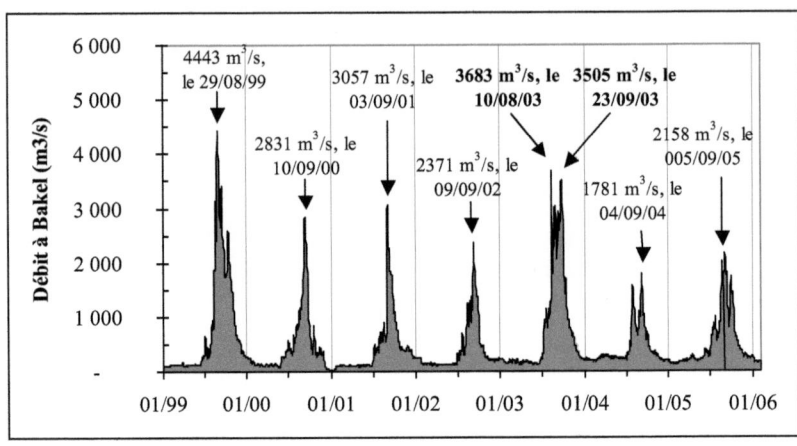

Figure 70. Les crues du fleuve enregistrées à Bakel (données OMVS)

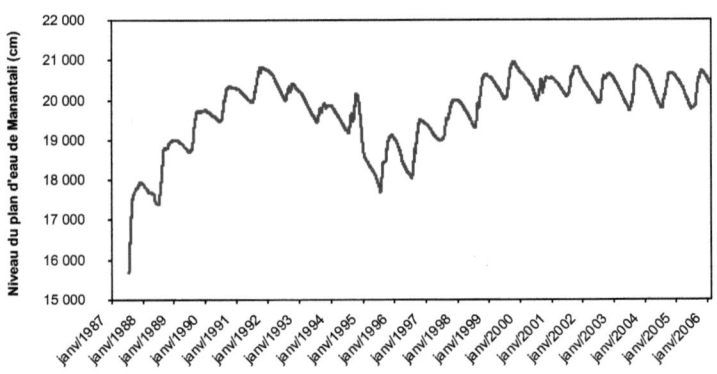

Figure 71. Variations de la cote du plan d'eau de Manantali depuis 1987 (données OMVS)

Cette inondation montre clairement que le barrage de Manantali ne contrôle pas l'ensemble du bassin versant en amont de Bakel ; les écoulements de la Falémé et du Baoulé notamment lui échappent. Diama peut donc être soumis dans son fonctionnement à des crues non laminées, dont le délai d'écoulement à partir de Bakel est d'environ 20 jours. Par ailleurs, la gestion couplée des deux barrages est rendue plus difficile par le fait que si Manantali doit désormais stocker un maximum d'eau en fin d'hivernage (figure 71), le barrage ne peut plus écrêter d'éventuelles crues liées au passage de lignes de grains (ondes de l'Est) de fin de saison des pluies.

Devant le mécontentement populaire et sous la pression, semble-t-il, des autorités, les gestionnaires prennent la décision d'ouvrir une brèche au travers de l'étroit cordon littoral, rapprochant ainsi l'embouchure du fleuve de la ville et provoquant une perte de charge hydraulique. L'embouchure se place alors à 7 km au sud du pont Faidherbe contre une trentaine auparavant. Il faut noter que cette solution pour lutter contre les inondations était avancée (parmi d'autres) dès 2002 dans les annexes du rapport UNEP mais qu'elle était accompagnée de mesures complémentaires, telles que la construction d'épis protecteurs au niveau de la brèche, qui n'ont pas été réalisés en octobre 2003. Dans la nuit du 3 octobre, un canal de 4 m de large est ainsi creusé et la hauteur du fleuve, mesurée au niveau du pont, s'abaisse en 48 heures de manière significative et de près d'un mètre en dix jours (photos 6). La deuxième pointe de débit à Diama le 29 octobre 2003 ne se voit d'ailleurs même pas sur le limnigramme de St Louis !

Photos 6.
A - *Ouverture artificielle de la Langue de Barbarie dans la nuit du 3 octobre 2003*
B - *Le lendemain matin l'ouverture commence à s'élargir*
(photos I. Diop – Service de l'Hydraulique de St Louis)

Mais, dans le même temps, la brèche s'élargit très rapidement (Kane *et al.*, 2003), passant à 400 m en quelques dizaines de jours, pour ensuite s'ouvrir à un rythme relativement constant, d'environ 1 m par jour, et atteindre - dernière mesure le 10 février 2006 - près de 1,4 km de large (figure 72, photo 7).

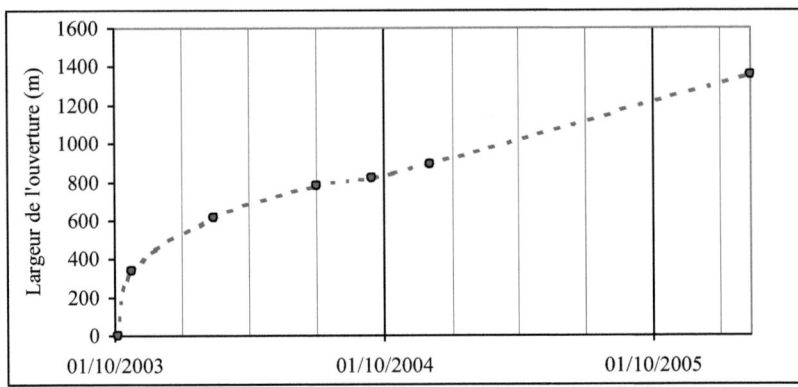

Figure 72. Évolution de l'ouverture de la Langue de Barbarie depuis son ouverture (d'après des données de N. Guiguen, IRD)

Photo 7. En février 2004, vue en direction du sud de l'ouverture de la Langue de Barbarie et de sa nouvelle embouchure (photo N. Guiguen-IRD)

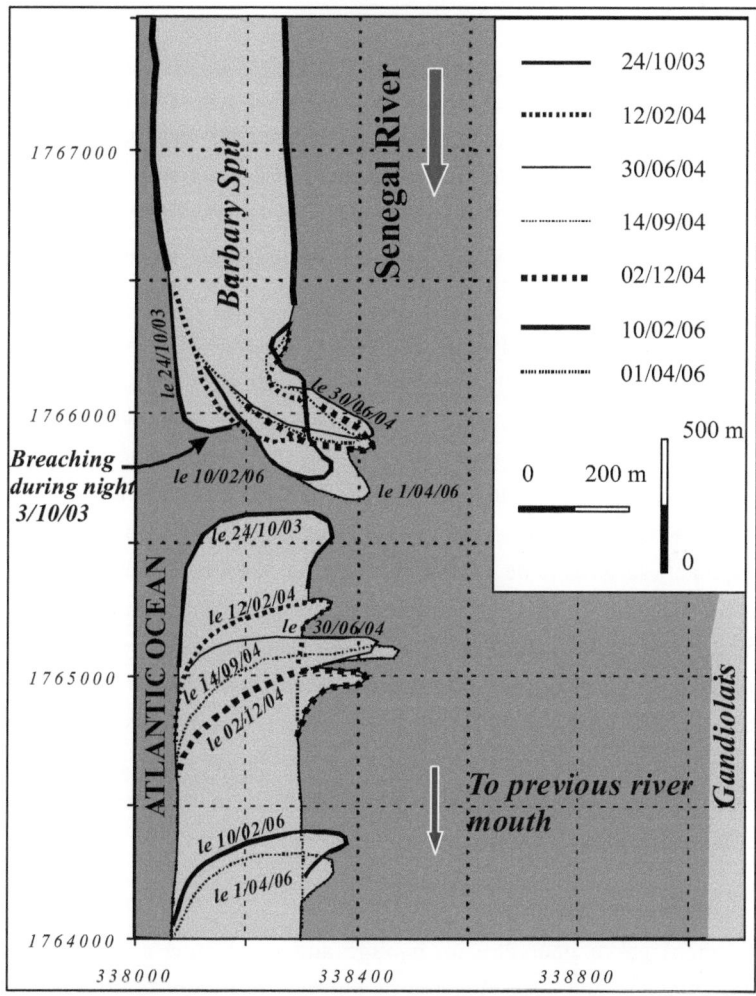

Figure 73. Évolution de la brèche (in Dumas et al., 2010, données N. Guiguen-IRD)

Cet élargissement est consécutif pour l'essentiel à une ablation active de la partie méridionale du cordon, produite par une houle de secteur NW ou NNW (Kane, 1997). La partie nord reste assez mobile, et présente parfois de légères avancées vers le Sud, liées à des dépôts sableux qui viennent engraisser le cordon littoral (figure 73).

C - Principaux résultats

Les aménagements hydrauliques de la vallée dans les années 80, puis plus récemment, en 2003, l'ouverture artificielle de la Langue de Barbarie, ont contribué à l'émergence de difficultés nouvelles, tant écologiques que socio-économiques et sanitaires complexes et jouant souvent en interrelation ou par «synergie d'impacts» (Blanchon, 2003).

C'est probablement sur le plan socio-économique que les perturbations sont spatialement le plus marquées et aussi le plus durablement préoccupantes. L'impact de ces aménagements hydrauliques diffère cependant, tant dans ses formes que dans sa chronologie, entre le moyen delta, situé à l'amont du barrage de Diama, et la partie estuarienne du fleuve. Le barrage de Diama constitue comme tout autre barrage une frontière. Mais ici, dans le cas d'un ouvrage anti-sel proche de l'océan, la ligne de démarcation est encore plus forte entre deux segments hydrographiques différents entre amont et aval, du point de vue de la qualité de l'eau et de leur dynamique d'écoulement (Barusseau *et al.*, 1998). Dans l'estuaire, l'impact de l'ouverture artificielle de la langue de Barbarie ne peut être apprécié avec suffisamment de recul. Mais le remède choisi pour lutter contre l'inondation de St Louis pourrait s'avérer pire que le mal, du moins à l'aval, sur les marges de l'ancien bras transformé en lagune.

a - Le delta moyen

Initialement prévu pour être un barrage anti-sel, Diama s'est vu assigné progressivement une autre fonction de barrage réservoir ; le niveau moyen de 1,50 m en 1992 passant à 1,75 m en 1995, 1,90 m en 1997, 2,0 m en 1999 et 2,10 m depuis 2002 (figure 74). Là encore, les hydrauliciens sont conduits à gérer des demandes pressantes du monde agricole et agro-industriel pour un maintien à des cotes élevées du plan d'eau visant à assurer une irrigation gravitaire des périmètres irrigués (Duvail, 2001).

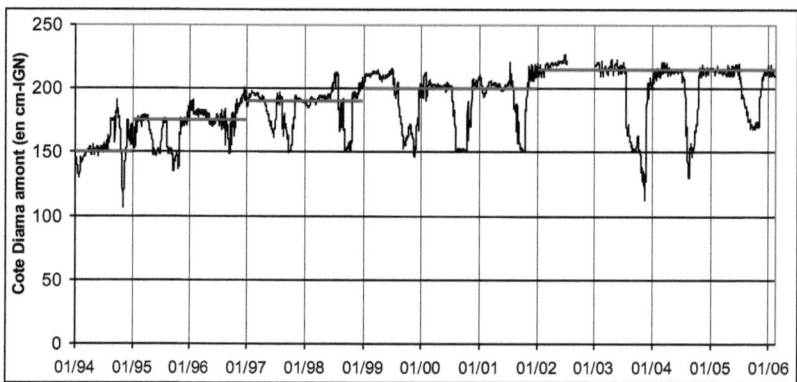

Figure 74. Évolution de la cote amont au niveau du barrage de Diama (données OMVS)

Cette modification des conditions hydrologiques, tant d'un point de vue qualitatif que quantitatif (permanence de lignes d'eau et multiplication des surfaces en eau), joue certainement aussi dans l'émergence de nouveaux problèmes sanitaires. Mais les relations sont là très incertaines, doivent être appréciées avec beaucoup de prudence. «*La relation entre la présence d'hôtes intermédiaires ou de vecteurs et la maladie (bilharzioses, paludisme) n'est ni immédiate, ni obligatoire. De même, la liaison périmètres irrigués-apparition des hôtes intermédiaires et des vecteurs ne survient pas nécessairement*» (Handschumacher, in Philippe et al., 1998). L'auteur montre bien en particulier que l'épidémie de bilharziose intestinale de Richard Toll, en complète discordance géographique avec la répartition habituelle en Afrique de l'Ouest de *Schistosoma mansoni*, a pu se développer dans un milieu écologique nouveau, caractérisé par la permanence de l'eau douce, la régularisation des niveaux d'eau dans le lac de Guiers et les canaux principaux des champs de canne à sucre, pouvant créer une stabilisation des températures. Mais cela ne peut suffire ; le cycle de transmission n'est «bouclé» que par infestation des hôtes intermédiaires et celle-ci ne peut se faire que par des individus malades, originaires d'une zone d'endémicité Or, Richard Toll, ville de plantation, a attiré une main d'œuvre nombreuse, en partie extérieure à la région (sud du pays). Le barrage anti-sel de Diama ne peut donc être strictement impliqué dans la diffusion de la maladie. Il l'est, il est vrai, indirectement en ce sens que la disponibilité renforcée d'eau d'irrigation a aussi favorisé l'extension des périmètres sucriers et le recours à une main d'œuvre plus nombreuse !

L'une des difficultés majeures, soulignée par tous les acteurs, est la multiplication des espèces envahissantes, elle-même liée à la permanence de l'eau douce en amont de Diama. Si la prolifération de *Salvinia molesta* (fougère d'eau) et *Pistia stratiotes* (laitue d'eau) semble aujourd'hui maîtrisée, celle de *Typha australis* est toujours plus préoccupante. La lutte biologique n'est pas encore au point, l'enlèvement mécanique suppose des efforts physiques et financiers considérables et pourtant dérisoires face à une diffusion incontrôlable des graines par le vent. Cette infestation est très préjudiciable sur le plan de l'accès à l'eau et de la circulation (pêcheurs en particulier), de l'écoulement hydraulique (effet de frein dans les canaux, les défluents et sédimentation) (Philippe *et al.*, 1998), du rôle d'abri ou de nidification pour des espèces animales elles-mêmes redoutables (notamment les oiseaux mange-mil, *Quelea quelea*, granivores). La faisabilité économique et financière d'une nouvelle filière offrant différentes possibilités de valorisation (carbonisation, biométhanisation, vannerie, construction et alimentation du bétail) est encore à établir. Outre qu'elle offrirait de nombreux emplois, elle constituerait probablement le plus sûr moyen de contrôler l'extension de cette espèce (Theuerkorn et Henning, 2005).

Dans les bassins de rive mauritanienne, où le «modèle» rizicole n'occupe pas tout l'espace, laissant place à une mosaïque de paysages, dans lesquels les activités traditionnelles de pêche, d'élevage, de cueillette subsistent aux côtés d'écosystèmes sauvegardés avec leur avifaune associée (Parc du Diawling, PND), on décide de produire une crue artificielle. Des conflits d'usages se posent toujours (Duvail, 2001, Duvail *et al.*, 2001, Hamerlynck *et al.* 2005). Les conflits d'objectifs liés au bénéfice d'une crue artificielle représentent une source de difficultés d'une autre nature, liée au fait même que l'intérêt d'une inondation provoquée par les hommes génère inévitablement des conflits entre les utilisateurs potentiels. Pourtant, au cours des deux dernières décennies, les différents acteurs de ce secteur ont su s'adapter à différentes reprises, d'abord à la réalisation tardive de la digue en rive droite, puis aux modifications fréquentes, imprévues, des procédures de gestion des barrages de Diama et de Manantali. Plus récemment, dans la période 2002-2006, alors qu'un calendrier consensuel avait pu être établi, son principe n'en a pas été respecté. Tout le monde a pu s'en satisfaire - y compris les gestionnaires du PND du fait de lâchers désormais plus continus de Diama effaçant le risque de sursalinisation du bas estuaire mauritanien (N'Tiallakh) – à l'exception notable des éleveurs qui attendent d'une courte crue de contre-saison une source d'eau pour leurs troupeaux, particulièrement bénéfique en fin de saison sèche. Il est probable que ce non-respect du plan de gestion entraînera chez eux un mécontentement durable. On peut d'ores et déjà y voir une raison à leur absence lors des discussions conduites avec le PND et l'UICN en février 2006. Mais, aujourd'hui, avec la prolifération du *Typha*, on en vient à imaginer qu'il faille supprimer la crue artificielle de contre-saison – alors même que c'est là l'illustration la plus accomplie d'une complète maîtrise hydraulique des eaux du fleuve – pour ne pas multiplier leur diffusion et lutter contre cette espèce envahissante (Mietton *et al.*, 2007 ; Dumas *et al.*, 2010).

b - La zone estuarienne du fleuve Sénégal

Comme nous l'avons décrit, en octobre 2003, une importante inondation de la ville de St-Louis provoque une intervention bénéfique dans l'instant, l'inondation est rapidement effacée, mais désormais redoutable. Elle s'accompagne en effet d'une forte intrusion marine dans le bas estuaire, et d'une fluctuation quotidienne des niveaux du fleuve nettement plus grande.

Depuis 2003, le niveau maximum du fleuve n'a pas dépassé 0,6 m en 2004 et 2005 (figure 75), malgré des débits de déversement du barrage de Diama sensiblement comparables aux années antérieures à 2003. Dès lors, une autre question est posée : le risque d'inondation à St Louis est-il durablement écarté ?

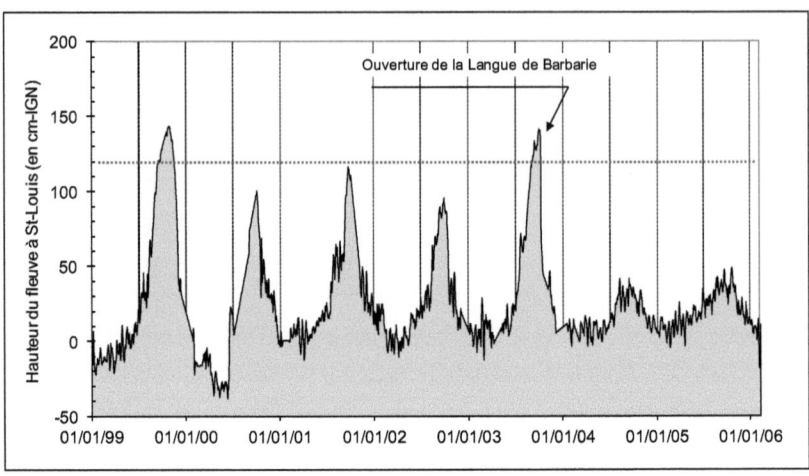

Figure 75. Variation des hauteurs journalières du fleuve à Saint-Louis (cote IGN, données OMVS-IRD)

Le changement radical de la pente de ligne d'eau invite à répondre par l'affirmative. Toutefois, la gestion couplée des deux barrages, pour aussi complexe qu'elle soit déjà dans l'intervalle Manantali-Diama, devra prendre en compte pour plus de sécurité le segment aval entre Diama et la nouvelle embouchure, afin de limiter au maximum les déversements en période de hautes eaux. Cela était-il possible en septembre 2003 ? A ne considérer que Diama, cela est peu évident. Durant cet épisode de crue, les lâchers, qui dépassent 1500 $m^3.s^{-1}$ depuis le 22 août, augmentent jusqu'à 1600 à 1700 $m^3.s^{-1}$ durant la première quinzaine de septembre, 1800 $m^3.s^{-1}$ au 20 septembre, alors même que la ville est déjà inondée. Cela peut paraître étonnant, mais l'hydrogramme de Bakel montre une permanence des écoulements à un niveau supérieur à 2000 $m^3.s^{-1}$ après une première onde de crue à 3680 $m^3.s^{-1}$ le 10 août. Le débit n'est donc pas diminué et atteint même 2000 $m^3.s^{-1}$ à la fin de septembre d'autant qu'à partir du 23 septembre est annoncée une seconde onde de crue à Bakel (3505 $m^3.s^{-1}$). La seule circonstance favorable est que le réservoir de Diama est à une cote faible, voisine de 1,50 m. Mais cela ne peut suffire à amortir la crue.

L'occurrence de cette inondation pose néanmoins différents problèmes d'interprétation. Plusieurs constats peuvent être faits :
- Si l'on se réfère au maximum limnimétrique enregistré à St. Louis, la cote IGN de 2003 (142 cm) est largement dépassée en 1999 (164,5 cm), sans parler de 1950 (179 cm). Même si le caractère aggravant d'une inondation n'est pas seulement lié à la cote maximale atteinte par le fleuve, mais aussi à la durée de débordement, à l'édification des digues, aux précipitations elles-mêmes sur le site, force est de constater que cette crue, quoique majeure, n'est pas exceptionnelle. Après 1994, la construction d'une digue le long de la bordure orientale du quartier de Sor modifie la relation entre les hauteurs du fleuve et l'intensité des inondations. Cette digue présente indéniablement une certaine efficacité, puisque les inondations des années 1997, 1998 et 1999 ont été moins importantes qu'en 1994 (Laperrière et Lucchetta, 2003), malgré des niveaux du fleuve plus élevés. Si l'on admet que la cote d'alerte des inondations de la ville de St-Louis se place autour de 1.20 m (UNEP, 2002), cette cote est à moduler en fonction du contexte dans lequel s'inscrit l'événement.

- Si des épisodes de crue se répètent à St Louis à partir du milieu des années 90 : 1994 (126,5 cm), 1995 (120,5 cm), 1997 (128,5 cm), en revanche ils sont totalement absents durant les deux décennies précédentes, depuis 1974 (figure 76).

On peut donc légitimement se poser la question de savoir si ce n'est pas davantage la vulnérabilité à St Louis qui a changé plus que l'aléa hydrologique, comme si la progression de l'habitat s'était faite, avec la croissance démographique, dans les quartiers topographiquement bas ; sorte de mauvais réflexe durant ces années de rémission, d'autant plus que les autorités publiques ne s'y opposaient pas strictement. Peut-être même la construction des barrages a-t-elle conduit à considérer, plus ou moins consciemment, que l'on était désormais à l'abri de pareilles difficultés. Une modélisation hydraulique des écoulements du fleuve Sénégal par gestion couplée des deux barrages, intégrant des préoccupations sécuritaires en aval de Diama, doit donc être élaborée. Cette modélisation en aval de Diama avait été réalisée en 2002 (UNEP, 2002).

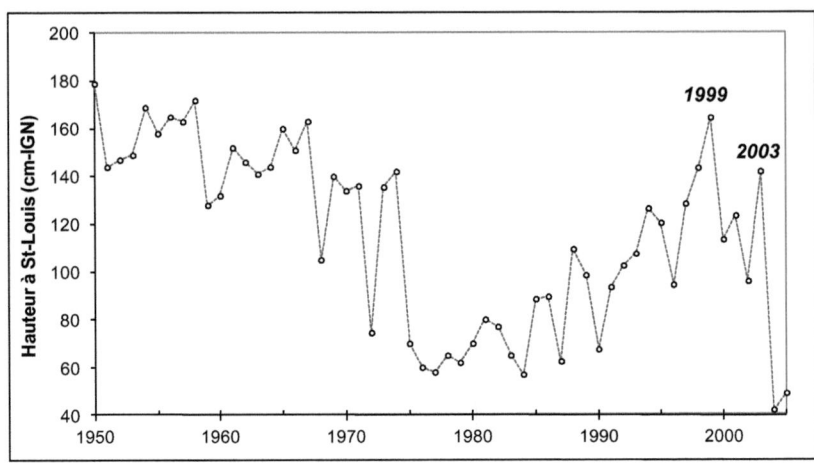

Figure 76. Hauteur annuelle maximale du fleuve enregistrée à St-Louis (données IRD-OMVS et données reconstituées)

Il est impératif que pareil instrument soit réactivé par les gestionnaires du fleuve et des barrages, prenant en compte la nouvelle embouchure et son évolution géomorphologique apparente et sous-marine. Il est probable en effet qu'en 2003 l'inondation s'explique aussi une fermeture partielle de l'ancienne embouchure, dont il faut se souvenir qu'elle était régulièrement draguée jusque dans les années soixante, et par un effet de frein à l'aval. Cette modélisation devrait aussi être couplée à un modèle numérique de terrain de la plaine d'inondation précis dont on ne dispose toujours pas à l'heure actuelle (Kane *et al.*, 2003 ; Dumas *et al.*, 2010). Elle pourrait permettre enfin d'appréhender non seulement des aspects quantitatifs (crues) mais aussi qualitatifs (salinité de l'eau).

L'amplification du marnage dans tout l'estuaire est la conséquence la plus manifeste du changement d'embouchure, la moins contestable parce qu'immédiate. Les modifications de la marée semi-diurne se font sentir de différentes manières (figure 77). D'une part, le marnage quotidien maximal, enregistré à l'aval de Diama, est multiplié par trois, passant de 0,30 m (moyenne 2001-2002) à 0,93 m (moyenne 2004-2005).

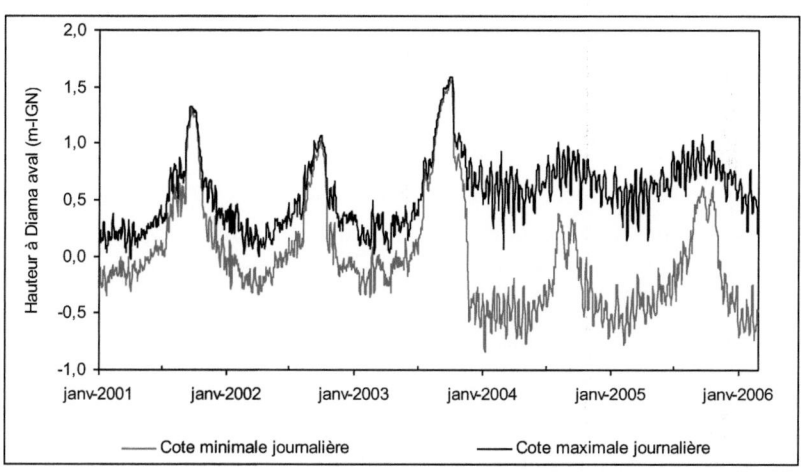

Figure 77. Fluctuation quotidienne des hauteurs d'eau enregistrées à l'aval de Diama (m-IGN)

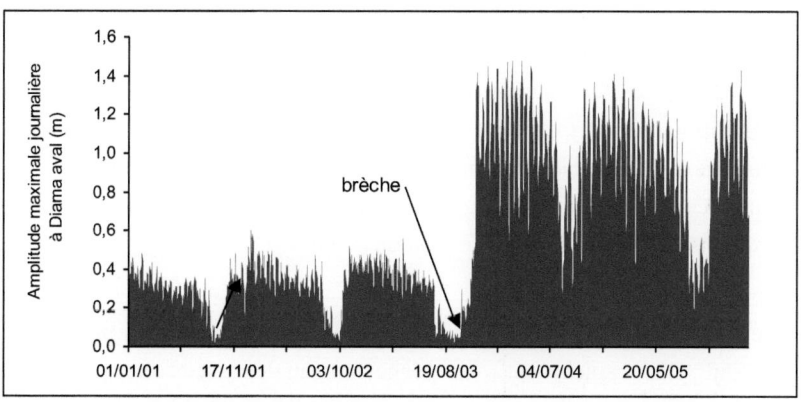

Figure 78. Amplitude maximale journalière du marnage enregistrée à l'aval de Diama (à partir des données OMVS-IRD)

D'autre part, depuis 2004, ce marnage est ressenti tout au long de l'année (figure 77), même pendant les hautes eaux d'hivernage, période pendant laquelle il n'apparaissait pas auparavant. Enfin, on observe également un renforcement de l'amplitude du cycle des vives-eaux (cycle de 14 jours). A Diama, l'amplitude entre la marée de vives-eaux et celle de mortes-eaux qui l'accompagne a plus que doublé (figure 78). Suivant une synergie d'impacts complexe, ce marnage amplifié (rabattement de 30 cm et rehaussement d'autant) peut avoir à son tour différents effets, sur des temps de réponse plus ou moins longs.

Du point de vue géotechnique, ce marnage peut entretenir un travail de sape et (ou) de corrosion auxquel les quais de St Louis, les piles du pont Faidherbe, les bases du barrage de Diama elles-mêmes peuvent ne pas être soustraits. Rappelons que c'est ce contexte qui a commandé une nouvelle expertise sur les énergies de dissipation en aval de Diama. Le fonctionnement de Diama est aussi soumis à sa résistance propre et à une fonction de réservoir non prévue à l'origine. Sur le premier point, les règles strictes de fonctionnement (Coyne et Bellier, Sogreah, 1987) imposaient jusqu'à une date récente une énergie de dissipation ne dépassant pas 1000 $m^4.s^{-1}$ (1000 $m^3.s^{-1}$ sous un mètre de chute). Selon une expertise récente faisant suite, à une amplification du marnage sur la partie aval de l'ouvrage, et de nouveaux calculs, les problèmes d'énergie de dissipation ne se poseraient plus du tout dans les mêmes termes puisque cette énergie pourrait être multipliée par 15 ! On peut s'en étonner. Quoi qu'il en soit, la résistance du barrage a bel et bien été un sujet de préoccupation en 2004 et 2005 puisque des lâchers du fleuve (secteur de Keur Macène en amont de Diama) ont été faits en rive droite en direction de l'Aftout es Sahel.

Du point de vue économique, les effets ne sont pas bons d'après les pêcheurs (enquête sur les rives du N'Tiallakh) car l'eau monte plus vite et redescend plus rapidement. La pêche artisanale, avec une production annuelle qui est passée, estime-t-on, de 30 KT à 8 KT a évidemment beaucoup souffert de cette rupture (Bousso, 1997). La baisse des stocks des ressources halieutiques, en quantité et en qualité, est liée à la modification des caractères hydrodynamiques de l'estuaire et notamment la réduction du phénomène «d'effet de chasse». Il est peu probable qu'une passe à poissons au niveau de Diama aurait pu limiter ce bouleversement.

Mais du point de vue écologique, l'eau atteint désormais des niveaux abandonnés depuis la fermeture du barrage de Diama et la disparition de la crue naturelle annuelle. C'est probablement ce mécanisme qui conduit à une régénérescence manifeste de la mangrove (photo 8) en bien des secteurs (Bango près de St Louis, partie nord du Gandiolais, confluent Bell-N'Tiallakh). Cela suppose aussi qu'il s'agisse d'une eau saumâtre et non pas hypersaline...

Photo 8. *Régénérescence naturelle de la mangrove dans le delta (Dumas et Mietton, 2006)*

L'évolution de la salinité paraît aujourd'hui commandée par deux faits contraires : d'une part, suite à l'ouverture de la Langue de Barbarie, l'intrusion marine porteuse d'un biseau salé plus efficace hydrodynamiquement jusqu'à Diama ; d'autre part, des lâchers d'eau douce, qui ne descendent plus, depuis fin 2002, au-dessous d'un minimum de 100 à 200 $m^3.s^{-1}$, sorte de palier bien repérable sur l'hydrogramme (figure 79), correspondant grosso modo à ce qui est turbiné à Manantali. De ce point de vue, le temps n'est donc plus, comme à la fin des années 80 ou même durant les années 90, où le barrage pouvait être durablement fermé ce qui conduisait à une sursalinisation des eaux de l'estuaire (exemple : salinité de 35,9 g.L^{-1} à Saint-Louis en mai 1992 quand Diama est fermé (Cecchi, 1992).et à un dépérissement marqué de la mangrove.

Variable évidemment dans l'espace et dans le temps, la salinité mesurée en surface en décembre 2004 et mai 2005 ne paraît pas excessive, alors même que les restitutions hydrologiques de Diama sont faibles (figure 80). Les mesures ont été faites pour des lâchers de Diama du même ordre de grandeur (100 m^3.s^{-1} lors de la première campagne, 165 m^3.s^{-1} pour la seconde). Toutefois, ces mesures n'ont pas été faites à l'extrême aval de l'estuaire, notamment dans le segment du fleuve compris entre la nouvelle embouchure et l'ancienne (aujourd'hui comblée) ; ce segment, proche de l'océan, évoluant en lagune probablement beaucoup plus salée du fait de l'absence totale d'effet de «chasse d'eau». Dans ce secteur, l'intrusion marine paraît potentiellement plus lourde de menaces vis-à-vis de certaines activités agro-sylvo-pastorales et de la ressource en eau douce. L'économie liée au maraîchage dans le Gandiolais semble d'ailleurs déjà touchée par cette modification (Diallo, 2005).

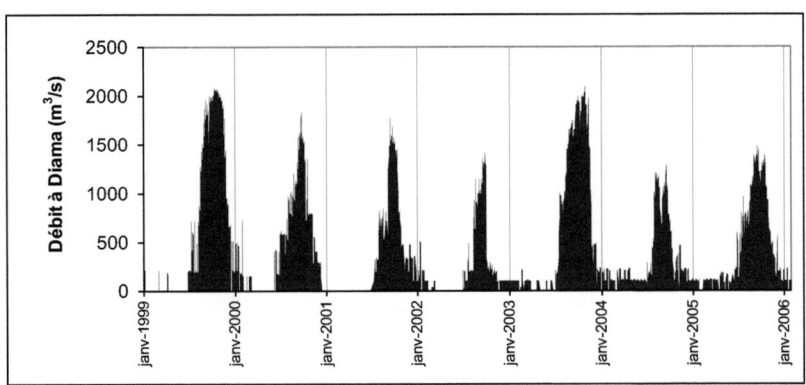

Figure 79. Variation des débits du fleuve Sénégal à Diama (données OMVS-IRD)

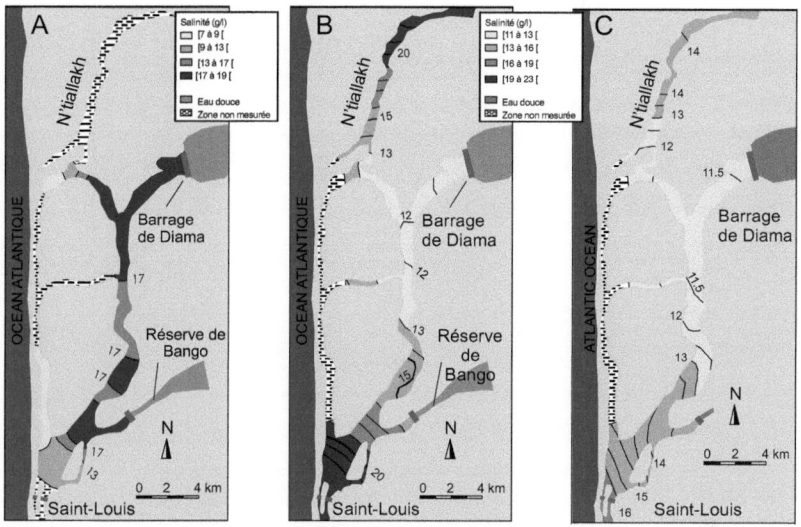

*Figure 80. Salinité de surface dans l'estuaire
A : 6-7 décembre 2004 (d'après Duvail et Hamerlynck, 2003) ; B : 21-23 mai 2005 ;
C : 5-6 février 2006*

La présence ubiquiste de lentilles d'eau douce surmontant une nappe salée dans les cordons dunaires du bas-delta avait permis de faire du Gandiolais, en aval de St Louis, une zone économiquement dynamique. Dès les années 70, du fait de la sécheresse, puis en raison des aménagements du fleuve et de la suppression de la crue naturelle, le niveau de la nappe d'eau douce avait cependant commencé à baisser. Cette diminution de la ressource a favorisé alors une nouvelle culture, moins exigeante, celle de l'oignon, en lieu et place des cultures légumières traditionnelles (Bonnardel, 1992). Depuis l'ouverture de la brèche, cette nappe pelliculaire d'eau douce, paraît irrémédiablement menacée. Les échanges nappes latérales - fleuve sont évidemment modifiés et le marnage amplifié entraîne très certainement une contamination de la lentille supérieure. Un suivi piézométrique ainsi que de la qualité des eaux s'avère ici impératif. Les cultures apparaissent ainsi plus ou moins en sursis dans le Gandiolais (photo 9), suivant leur distance à cet ancien bras du fleuve ou leur caractère plus ou moins perché. Dans le meilleur des cas, l'eau des puits associés à ces parcelles présente la plus faible salinité (au maximum : 1,8 g.L^{-1}, lors d'une campagne de mesures en février 2006). En revanche, cette salinité augmente à 2,9 g.L^{-1} sur les parcelles localisées plus près du fleuve ou à altitude plus basse. Les rendements y sont apparemment plus faibles, les pousses d'oignon se caractérisent par des jaunissements plus ou moins marqués. En 2006, d'autres parcelles, encore plus proches du fleuve, sont déjà totalement abandonnées depuis une ou deux années (eau des puits à 12,5 g.L^{-1}).

Photo 9. Parcelles maraîchères dans le Gandiolais (Dumas et Mietton, 2006)

D - Conclusion

Le contexte d'avant-barrages n'est en aucun cas à idéaliser. Le milieu naturel oppose alors à un développement durable des contraintes graves : une grande variabilité climatique (grands écarts de pluviosité, et dans l'ampleur, la hauteur et la durée de la crue), une fragilité des sols vis-à-vis de la salinisation (remontées de la nappe phréatique salée dans les terres du delta et du biseau salé dans le fleuve), une difficile maîtrise de l'eau à cause de la platitude du relief et la nécessité d'ouvrages complexes et coûteux pour assurer aussi bien la protection contre les inondations que l'apport des eaux d'irrigation ou l'évacuation des eaux de drainage. Cette transformation de la vallée, imaginée dans les années 70, réalisée à la fin des années 80, suppose alors implicitement de réussir le passage d'une économie saisonnière de prélèvement et d'agriculture extensive, à une agriculture intensive et pérenne, dont la rentabilité à ce jour aurait été, dès le départ, surestimée (Engelhard, 1991 ; Duvail, 2001).

Dans le delta du fleuve Sénégal, l'incertitude environnementale est aujourd'hui multiforme : écologique, socio-économique, sanitaire. Mais il existe au moins un lien entre ces différentes contraintes : une maîtrise incertaine de la ressource en eau tant du point de vue quantitatif que qualitatif (eaux douces, saumâtres, parfois usées). Le poids des contraintes diffère toutefois suivant les trois sous-ensembles que sont le moyen delta sénégalais, le moyen delta mauritanien, l'estuaire et ses marges.

Dans le moyen delta de rive gauche, la riziculture sénégalaise fait face à de sérieux défis et l'incertitude du système de production paraît être la règle. J. de Montgolfier dans son rapport sur le développement durable du delta sénégalais (1996) prévoyait déjà différents scénarios, non exclusifs, entre marasme, développement d'entreprises agricoles africaines et (ou) d'une agriculture vivrière moderne, néocapitalisme, tourisme international. L'hypothèse « néocapitaliste » est déjà en partie vérifiée avec notamment le développement de sociétés multinationales («Grands Domaines du

Sénégal») productrices, sous serres de très grandes dimensions (200 ha dès 2003) et par irrigation au goutte-à-goutte, de cultures maraîchères à haute valeur ajoutée (haricots, tomates), exportées par avion. Le tourisme devrait bénéficier quant à lui de la mise en place d'une réserve de Biosphère Transfrontière (RBT-UNESCO), regroupant notamment les parcs du Djoudj (Sénégal) et du Diawling (Mauritanie), rapprochant ainsi davantage les deux pays.

Dans le delta mauritanien, le traumatisme a été moins grand. Si l'entente entre les acteurs traditionnels est effective, on peut raisonnablement prévoir un développement socio-économique plus harmonieux ou du moins avec un coût social moins élevé qu'en rive gauche. Dans l'estuaire, l'impact de l'ouverture artificielle de la langue de Barbarie ne peut être apprécié avec suffisamment de recul. Mais le remède choisi pour lutter contre l'inondation de St Louis pourrait s'avérer pire que le mal, du moins à l'aval, sur les marges de l'ancien bras transformé en lagune. Un suivi de paramètres écologiques et d'indicateurs socio-économiques est véritablement nécessaire, tout comme une modélisation hydraulique de la section du fleuve comprise entre Diama et l'océan.

Beaucoup de ces incertitudes sont le fruit d'études d'impacts qui n'ont pas su mettre en évidence toutes les difficultés qui seraient générées par une transformation aussi radicale du paysage ou bien n'avaient pas pour objet d'établir des solutions de compensation réelles, effectives sur le terrain, c'est-à-dire bénéficiant de financements aussi immédiats que ceux permettant la construction coûteuse des barrages eux-mêmes. A ceux qui font valoir que les bénéfices d'un barrage doivent être raisonnablement attendus et acceptés sur un délai assez long, il est aisé de répondre que c'est ce temps d'adaptation et d'incertitude très difficile à vivre pour les acteurs locaux qu'il convient de préparer et de réduire au maximum. L'ouverture de la langue de Barbarie a entraîné des modifications profondes du contexte environnemental, et bien des incertitudes demeurent à ce sujet. Si le risque d'inondation n'est sans doute pas totalement effacé, il n'en demeure pas moins que les inondations à Saint-Louis apparaissent désormais largement secondaires face aux modifications actuelles des écosystèmes et anthroposystèmes, amorcées depuis l'ouverture de la langue de Barbarie. L'objectif pour ces prochaines années sera donc justement de préciser les bouleversements consécutifs à l'ouverture artificielle de la langue de Barbarie. L'ouverture de la langue de Barbarie a introduit une nouvelle dynamique estuarienne. Cette approche a été amorcée dans nos différentes publications, il reste cependant encore à préciser les transformations actuelles : environnementales et socioéconomiques. Naturellement, il restera toujours nécessaire d'intégrer dans cette approche les inondations de St-Louis, et le plan de gestion du barrage de Diama dont les objectifs sont surtout –semble-t-il- tournés vers des préoccupations amont. Pour l'heure, la gestion des deux barrages n'intègre que trop peu les préoccupations des acteurs en aval de Diama (Mietton et al., 2008). Elle reste néanmoins délicate à concevoir, car la gestion de chaque ouvrage obéit à une logique qui lui est propre, et qui est parfois elle-même liée à des compromis entre des objectifs plus ou moins contradictoires. Par ailleurs, lors de différentes discussions, un projet de création d'un déversoir géant sur la rive droite du fleuve, au niveau de Keur Macène, a été évoqué. Il s'agissait initialement de sécuriser le barrage de Diama, ce qui n'a plus lieu d'être aujourd'hui (Mietton et al., 2008 ; Dumas et al., 2010).

Cependant, l'idée reste toujours d'actualité afin d'alimenter en eau des bassins situés en rive droite. Ce déversoir pourrait évacuer au maximum près de 500 à 700 m3/s, en direction des plaines mauritaniennes. Si ce projet se concrétise, la gestion du barrage de Diama s'en trouverait radicalement modifiée, les crues inopinées du fleuve seraient alors détournées sur la rive mauritanienne. Cependant, cette dérivation sera-t-elle suffisante pour éliminer totalement le risque d'inondation de Saint Louis lors d'une crise hydrologique majeure ? Elle sera sans doute efficace pour atténuer l'évènement, on peut le penser, tout du moins. Ensuite, son influence et son efficacité seront liées directement aux volumes d'eau susceptibles d'être stockés sur la rive mauritanienne à l'aval de la dérivation.

Suite aux modifications environnementales et anthroposystèmiques apparaissant dans le bas-delta, il conviendra d'associer aux études des flux hydrologiques continentaux et océaniques, une connaissance plus fine de la qualité des eaux, en particulier de la salinité des eaux. Actuellement, suivant une synergie d'interrelations complexe, l'amplification du marnage dans l'estuaire (Mietton *et al.*, 2008 ; Dumas *et al.*, 2010) n'est pas sans conséquence sur l'évolution de la salinité des eaux continentales. Dans l'estuaire, par exemple, ces modifications favorisent sans doute un retour à des conditions environnementales plus proches de celles antérieures au barrage de Diama, puisque la mangrove, qui dépérissait depuis sa fermeture, présente maintenant une régénérescence bien visible dans certains secteurs (Bango, nord du Gandiolais, confluent Bell-N'Tiallakh). Ailleurs, les conséquences pourraient être plus négatives ; ainsi à l'aval de l'estuaire, notamment dans le Gandiolais. La présence ubiquiste de lentilles d'eau douce surmontant une nappe salée dans les cordons dunaires du bas-delta avait pourtant permis de faire du Gandiolais, en aval de St Louis, une zone économiquement dynamique. Depuis l'ouverture de la brèche, cette nappe pelliculaire d'eau douce paraît menacée. Les échanges nappes latérales - fleuve sont perturbés, et semblent engendrer une plus grande contamination de la lentille supérieure d'eau douce des nappes phréatiques littorales. L'économie liée au maraîchage dans le Gandiolais est ainsi déjà affectée par cette modification (Diallo, 2005).

L'évolution et la propagation de cette salinité paraissent aujourd'hui commandées par deux faits contraires qu'il conviendra de mieux évaluer : d'une part, l'intrusion marine porteuse d'un biseau salé plus efficace hydrodynamiquement jusqu'à Diama ; d'autre part, des lâchers d'eau douce qui ne descendent plus, depuis fin 2002, au-dessous d'un minimum de 100 à 200 m^3/s, sorte de palier bien repérable sur l'hydrogramme, correspondant grosso modo à ce qui est turbiné à Manantali.

Conclusion générale

Ce livre regroupant une synthèse de différents travaux, implique un regard et une distanciation par rapport à ses travaux. Il permet de fait d'en saisir les perspectives. Ce temps de recul, ce temps réflexif, se traduit par une moindre production sur le plan bibliographique, mais il constitue un socle plus solide pour les projets à venir. C'est l'occasion de jeter un regard un peu plus distancié sur ses propres travaux, bien évidemment du fait du temps qui passe, mais sans doute aussi du fait du « mûrissement » des positions au cours de la rédaction de cet ouvrage. Une certaine clarification du cadrage conceptuel, dans lequel ces travaux ont été conduits, vient également renforcer, et en retour nourrir cette réflexion. Ce temps de pause conduit à formaliser l'appréhension des champs d'études présentés ici.

Le fil conducteur de ce livre a été axé sur l'appréhension et la compréhension des transformations et des changements environnementaux récents. Dans ce cadre, l'intention a été de chercher à démontrer qu'au-delà d'une connaissance des milieux à partir de mesures ponctuelles, circonscrites, souvent réduites dans le temps, il convenait de chercher le plus possible à les étendre dans un espace géographique et temporel plus large. Cette volonté de transférer des mesures, souvent circonscrites dans l'espace et sur une durée relativement courte, à une échelle spatio-temporelle plus large guide désormais souvent les études des transformations des milieux naturels, avec ou non une intervention humaine sur ces espaces. C'est notamment à partir de cette information maîtrisée et quantifiable qu'une connaissance de changements environnementaux peut être établie. Que ces évolutions soient complexes, qu'elles montrent une certaine stabilité, ou encore qu'elles présentent des tendances plus ou moins marquées, il demeure important de pouvoir les définir précisément. Les milieux naturels sont souvent marqués par des phases de réajustement consécutives aux modifications climatiques. Dans ce cadre, des choix de gestion, ou des prises de décision sur l'environnement, peuvent produire des modifications nettement plus rapides, voire extrêmement brutales. Et, à plus ou moins long terme, les conséquences attendues de ces décisions prises, ou de ces actions environnementales, seront toujours mieux établies et pressenties, si elles peuvent au préalable s'appuyer sur une connaissance précise des évolutions passées de ces milieux. Les estimations sur l'avenir ne peuvent se faire sans une sérieuse prise en compte des changements environnementaux antérieurs, et tout particulièrement lorsque l'on aborde les aspects hydrologiques ou climatiques d'un milieu naturel.

Les recherches déclinées dans ce livre sont conduites d'une manière flexible, curieuse, et non pas centrée exclusivement sur des méthodes spécifiques ou des modèles particuliers. Dans ce travail de synthèse, on peut aussi probablement dégager deux grands axes sur lesquels sont développés ces travaux. Un premier, avec l'intégration et la synthèse de données environnementales, dont l'objectif est de construire des séries chronologiques représentatives d'un milieu naturel afin de poursuivre des analyses sur les transformations des milieux. Dans cet esprit d'intégration des connaissances, mais à une échelle spatio-temporelle élargie, l'utilisation de modèles hydrologiques, et/ou climatiques, s'avère sans doute nécessaire et déterminante. Le second, porte plus directement sur la place des décisions humaines, des aménagements de l'environnement, des choix de gestion et des stratégies des sociétés, dans les évolutions à court ou moyen terme des milieux.

BIBLIOGRAPHIE

Ackers P., Thompson G., 1987. Reservoir sedimentation and influence of flushing. *In Sediment Transport in Gravel-bed Rivers* (C.R. Thorne, J.C. Bathurst, R.D. Hey eds), John Wiley and Sons, Chichester, 845-861.

Acreman M.C., Farquharson F.A.K., McCartney M.P., Sullivan C., Campbell K., Hodgson N., Morton J., Smith D., Birley M., Knott D., Lazenby J., Wingfield Barbier E.B., 2000. *Managed flood releases from reservoirs: issues and guidance*. Report to DFID and the World Commission on Dams. Centre for Ecology and Hydrology, Wallingford, UK, 166 p.

Acreman M.C., 2001. *World Bank water resources and environmental management, Best practice brief no 8. Environmental flow assessment, Part III: case studies of managed flood releases*. World Bank, Washington, DC, 408 p.

Alary C., 1998. *Mécanismes et bilans d'érosion dans un bassin versant méditerranéen aménagé : le cas de la Durance (S-E France)*. Thèse, Univ. d'Aix-Marseille, 276 p.

Albergel J., Bader J.-C., Lamagat J.-P., Séguis L., 1984. Crues et sécheresses sur un grand fleuve tropical de l'Ouest africain: application à la gestion de la crue du fleuve Sénégal. *Sécheresse* 3(4), 143-152.

Allain Jegou C., 2002. *Relations végétation, écoulement, transport solide dans le lit des rivières ; étude de l'Isère dans le Grésivaudan*. Thèse, Inst. Nat. Polytech. Grenoble, spécialité Mécanique des milieux géophysiques et environnement, 198 p.

Amboise G., 1996. *Le projet de recherche en administration. Un guide général à sa préparation*. Faculté des sciences de l'administration, Univ. Laval, Québec, 120 p.

Anderies J.M., Janssen M.A, Ostrom E., 2004. A framework to analyze the robustness of social-ecological systems from an institutional perspective. *Ecology and Society* 9(1), 18.

Antonelli C., 2002. *Flux sédimentaires et morphogenèse récente dans le chenal du Rhône aval*. Thèse, Université d'Aix-Marseille I, 272 p.

Antonelli C., 2004. *Représentativité des flux de radioactivité mesurés par la station-observatoire du Rhône (station d'Arles, réseau OPERA)*. IRSN, Service d'étude et de la surveillance de la radioactivité dans l'environnement, rapport DEI-SESUR, 23 p.

Antunes C., 2002. *Les variations spatio-temporelles des températures minimales dans les Alpes du Nord*. Institut de Géographie Alpine, Univ. Joseph Fourier, Grenoble, Mémoire de maîtrise, 82 p.

Arléry R., Grisollet H., Guilmet B., 1973. *Climatologie : méthodes et pratiques*. Edition Gauthier-Villars, 2ème édition, Monographies de météorologie, Paris, 428 p.

Arques S., 2005. *Géodynamique, colonisation végétale et phytodiversité des talus d'éboulis dans le massif de la grande chartreuse (Préalpes françaises du nord). Caractéristiques géo-écologiques et sensibilité aux changements environnementaux*. Thèse, Université Joseph-Fourier, Grenoble, 354 p.

Audiberti J., 1983. *Le retour du divin*. Edition Gallimard (réédition 1943), Paris, 280 p.

Aussenac G., 1975. *Couverts forestiers et facteurs du climat : leurs interactions, conséquences écophysiologiques chez quelques résineux*. Univ. Nancy, Thèse Doct. Sci. Nat., 234 p.

Aussenac G., 1981. L'interception des précipitations par les peuplements forestiers. *La Houille Blanche* 7/8, 531-536.

Bachelard G., 1938. *La formation de l'esprit scientifique*. Edition Vrin, Paris, 216 p.

Bader J.C., Lamagat J.P., Guiguen N., 2003. Gestion du barrage de Manantali sur le fleuve Sénégal : analyse quantitative d'un conflit d'objectifs. *Hydrological Sciences Journal* 48(4), 525-538.

Baeriswyl P.-A., Rebetez M., Winistöfer A., Roten M., 1997. *Répartition spatiale des modifications climatiques dans le domaine alpin.* Nationales Forschungsprogramm "Klimaänderungen und Naturkatastrophen" (NFP 31), Schlussbericht. Zurich, VDF, 240 p.

Barchiesi D., 2003. *Mesure physique et instrumentation, analyse statistique et spectrale des mesures, capteurs.* Edition Ellipses, Paris, 179 p.

Barry R.G., 1990. Changes in mountain climate and glacio-hydrological responses. *Moutain Research and Development*, 10, 161-170.

Barry R.G., 2008. *Mountain weather and climate. Routledge Physical and Environmental Series.* 3nd ed. Routledge, London and New York, 506 p.

Barry R.G., Chorley R.J., 1998. *Atmosphere, weather and climate.* 7ème edition, Routledge, 438 p.

Barusseau J.P., Cyr Descamps M.B., Salif Diop E., Diouf B., Kane A., Saos J.-L., Soumaré A., 1998. Morphological and sedimentological changes in the Senegal River estuary after the constuction of the Diama dam. *Journal of African Earth Sciences* 26 (2): 317-326.

Benedetti-Crouzet E., 1972. *Etude géodynamique du Lac d'Annecy et de son bassin versant.* Thèse de Doctorat de 3ème cycle. Univ. de Paris VI, p. 227.

Bénévent E., 1926. *Le climat des Alpes.* Edition de l'Office National Météorologique, 435 p.

Beniston M., Rebetez M., Giorgi F., Marinucci M., 1994. An analysis of regional climate change in Switzerland. *Theor. Appl. Clim.* 49, 135–159.

Beniston M., Diaz H.F., Bradley R.S., 1997. Climatic change at high elevation sites : an overview. *Climatic Change* 36, 233-251.

Beniston M., 2005. Mountain Mountain climates and climatic changes: An overview of processes focusing on the European Alps. *Pure Appl. Geophys.* 162, 1587-1606.

Beniston M., 2006. Mountain weather and climate : a general overview and a focus on climatic change in the Alps. *Hydrobiologia* 562, 3-16.

Berkes F., Colding J., Folke C., 2003. *Navigating social-ecological systems: Building resilience for complexity and change.* Cambridge, UK, University of Cambridge Press, 393 p.

Bernardis M.-A., Hagene B., 1995. De la mesure. *In Mesures et démesure.* Les éditions de la Cité des sciences et de l'industrie, Paris, 7-9.

Bigot S., Brou T.Y., Oszwald J., Diedhiou A., Houndenou C., 2005. Facteurs d'explication de la variabilité pluviométrique en Côte d'Ivoire et relations avec certaines modifications environnementales. *Sécheresse* 16, 1, 5-13.

Bigot S., Rome S., Planchon O., Lebel T., 2007. Variations climatiques et circulation atmosphérique européenne dans le massif du Vercors (1921-2007). *Actes du colloque de l'Association Internationale de Climatologie* 20, 111-116.

Bigot S., Rome S., 2010. Contraintes climatiques dans les Préalpes françaises : évolution récente et conséquences potentielles futures. *EchoGéo* 14, 1-23.

Binard R., 2003. *L'interception des précipitations par la forêt sur le massif de la Grande Chartreuse sur l'ensemble du XXème siècle.* Institut de Géographie Alpine, Mémoire de maîtrise, Univ. Joseph Fourier, Grenoble, 84 p.

Blanchon D., 2003. *Impacts environnementaux et enjeux territoriaux des transferts d'eau inter bassins en Afrique du Sud.* PhD dissertation, Univ. de Paris X Nanterre, France, 624 p.

Blavoux B., 1966. *Les sources minérales d'Evian. Etude climatologique, hydrogéologique et hydrochimique des formations fluvio-glaciaires quaternaires du Bas-Chablais.* Thèse de Doctorat de 3ème cycle, Paris, 366 p.

Böhm R., Auer I., Brunetti M., Maugeri M., Nanni T., Schöner W., 2001. Regional temperature variability in the European Alps 1760-1998 from homogenised instrumental time series. *International Journal of Climatology* 21, 1779-1801.

Bois P., 1971. *Une méthode de contrôle de séries chronologiques utilisées en climatologie et en hydrologie.* Publication du Laboratoire de Mécanique des Fluides. Section hydrologie. Univ. de Grenoble, 53 p.

Bonnardel R., 1992. *Saint-Louis du Sénégal: mort ou renaissance ?* L'Harmattan, Paris, 423 p.

Boulangeat C., 1978. *Influence de la forêt sur le cycle de l'eau : étude comparative de l'interception et de l'évapotranspiration d'un peuplement feuillu (Fagus silvatica) et de quatre peuplements de Douglas (Pseudotsuga).* Mémoire ENITEF, Nancy, 40 p.

Bousso T., 1997. The estuary of the Senegal River: the impact of environmental changes and the Diama dam on resource status and fishery conditions. *In* Remane, K. (Ed.) *Africa inland fisheries, aquaculture and the environment,* Fishing News Books, Oxford, U.K., 45-65.

Boutillier J. L., Schmitz J., 1987. Gestion traditionnelle des terres (système de décrue / système pluvial) et transition vers l'irrigation : Cas de la vallée du Sénégal. *Cahiers des Sciences Humaines* 23(3-4), 533-554.

Boutillier J.L., 1989. Irrigation et problématique foncière dans la vallée du Sénégal. *Cahiers des Sciences Humaines* 25(4), 469-488.

Brasington J., Richards K., 2000. Turbidity and suspended sediment dynamics in small catchments in the Nepal Middle Hills. *Hydrol. Processes* 14, 2559–2574.

Bravard J.-P., Petit F., 1997. *Les cours d'eau. Dynamique du système fluvial.* Armand Colin, Masson, Paris, 220 p.

Bravard J.-P., 2003. La métamorphose des lits torrentiels à la fin du XIXème siècle. Un effet du changement climatique ou du reboisement ? *Coll. EDYTEM, Cahiers de Géographie,* n°1, 115-122.

Brohan P., Kennedy J.J., Harris I., Tett S.F.B., Jones P.D., 2006. Uncertainty estimates in regional and global observed temperature changes: a new dataset from 1850. *J. Geophysical Research Letters*, 31, 1029-1032.

Bücher A., Dessens J., 1991. Secular trend of surface temperature at an elevated observatory in the Pyrenees. *J. Clim.* 4, 859–868.

Buishand T.A., 1984. Tests for detecting a shift in the mean of hydrological time series. *J. of Hydrol.*, vol. 58, 51-69.

Bultot F., Dupriez G., Bodeux A., 1972. Interception de là pluie par la végétation forestière ; estimation de l'interception journalière à l'aide d'un modèle mathématique. *J. of Hydrol.*, XVII, 3, 193-223.

Bultot F., Dupriez G., Gellens D., 1990. Simulation of land use changes and impacts on the water balance. A case study for Belgium. *J. of Hydrol.* 114, 327-348.

Carlyle-Moses D.E., 2004. Measurement and modelling of growing season canopy water fluxes within a mature mixed deciduous forest stand southern Ontario, Canada. *Agricultural and Forest Meteorology*, 124, 281-284.

Carpenter S.R., 2003. *Regime shifts in lake ecosystems*. Ecology Institute, Oldendorf Luhe, Germany, 199 p.

Carrega P., 1994. *Topoclimatologie et habitat*. Thèse. Rev. du laboratoire d'analyse spatiale Raoul Blanchard, n°35-36, Univ. Nice, 408 p.

Carrega P., Dubreuil V., Richard Y., 2004. Climat et développement durable. *Historiens et géographes*, 387, 205-209.

Castellani C., 1986. Régionalisation des précipitations annuelles par la méthode de la régression linéaire simple : l'exemple des Alpes du Nord. *Rev. de Géographie Alpine*, LXXIV, 4, 393-403.

Caussinus H, Mestre O., 2004. Detection and correction of artificial shifts in climate series. *Journal of the Royal Statistical Society: Series C (Applied Statistics)* 53, 405–425.

Claval P., 2007. *Espistémologie de la géographie*. Armand Colin, $2^{\text{ème}}$ édition, Paris, 302 p.

Cecchi P., 1992. *Phytoplancton et conditions de milieu dans l'estuaire du fleuve Sénégal : Effets du barrage de Diama*. PhD dissertation, Université de Montpellier II, Travaux et Documents de l'ORSTOM Microédités n°94, Paris, France, 437 p.

Ceuppens J., Woperei M.C.S., 1999. Impact of non-drained irrigated rice cropping on soil salinization in the Senegal River Delta. *Geoderma* 92 (1-2), 125-140.

Champion M., 1861. *Les inondations en France depuis le VIe siècle jusqu'à nos jours : recherches et documents contenant les relations contemporaines, les actes administratifs, les pièces officielles, etc. de toutes les époques.* Paris, Cemagref 2000, 6 volumes.

Chardon M., 1996. La mesure de l'érosion dans le gypse/anhydrite des Alpes françaises du Nord. Méthodes et état des connaissances. *Revue de Géographie Alpine* 2, 84, 45-56.

Coeur D., 2003. *Maîtrise des inondations dans la plaine de Grenoble du XVIIIe au XXe siècle : enjeux techniques, politiques et urbains*. Thèse, Univ. P. Mendès-France, Grenoble, 309 p.

Cojan I., Renard M., 2006. *Sédimentologie*, Masson, 2ème édition, Paris, 444 p.

Collins M.B., 1986. Processes and controls involved in the transfer of fluviatile sediments to the deep ocean. *J. Geol. Soc.* 143, 915-920.

Colombani J., 1967. Contribution à la méthodologie des mesures systématiques de débits solides en suspension, *Cah. Orstom*, sér. Hydrol. IV (2), 27–36.

Comte-Sponville A., 1995. Mesure et démesure. *In Mesures et démesure.* Les éditions de la Cité des sciences et de l'industrie, Paris, 187 p., 87-94.

Cosandey C., Robinson M., 2000. *Hydrologie continentale*. Armand Colin, 359 p.

Cosandey C., 2006. Conséquences des forêts sur l'écoulement annuel des cours d'eau. *Revue forestière française* LVIII, 4, 317-327.

Coyne and Bellier Inc., Société Grenobloise d'Etudes et d'Applications Hydrauliques (SOGREAH) Inc., 1987. *Consignes générales d'exploitation et d'entretien du barrage de Diama*. OMVS, Grenoble, France, 21 p.

Curtis W.F., Meade R.H., Nordin C., Price N.B., Sholkovitz Z.R., 1979. Non-uniform vertical distribution of fine sediment in the Amazon River. *Nature* 280, 381–383.

Dauphiné A., Voiron-Canicio C., 1988. *Variogrammes et structures spatiales*. Edition Reclus, coll. Reclus modes d'emploi n°12, Montpellier, 56 p.

Dauphiné A., 2001. Complexités et déterminismes en géographie. *In Explications en géographie. Démarches, stratégies et modèles*. sous dir. P.J. Thumerelle, ed. SEDES, Dossier des Images Economiques du Monde, 160 p., 69-83.

Dauphiné A., 2003. *Les théories de la complexité chez les géographes*. Editions Anthropos, Paris, 24 p.

Delannoy J.-J., 1997. *Recherches géomorphologiques sur les massifs karstiques du Vercors et de la transversale de Ronda (Andalousie): les apports morphogéniques du karst*. Thèse d'Etat, Univ. Grenoble, 601 p.

Delannoy J.-J., Gauchon C., Hobléa F., Jaillet S., Maire R., Perrette Y., Perroux A.S., Ployon E., Vanara N., 2009. Karst: from palaeogeographic archives to environmental indicators. *Géomorphologie : Relief, Processus, Environnement* 2, 83-94

Delannoy J.-J., 2010. *Livre Blanc du climat en Savoie*. Conseil Général de Savoie, 137 p.

De Montgolfier J., 1996. Interrogations sur le développement durable dans le delta du fleuve Sénégal. Compte-rendu de mission janvier 1996. *In Transformations des hydrosystèmes en aval des grands barrages*. Programme CNRS - PIR EVS SEAH, M. Mietton (ed.), Strasbourg, France, 3-21.

Demangeot J., 2003. *Les milieux "naturels" du globe*. 9ème édition, Armand Colin, coll. U, série Géographie, 364 p.

Descroix L., 1994. *L'érosion actuelle dans la partie occidentale des Alpes du Sud*. Thèse, Univ. Lyon II, 353 p.

Descroix L., Gautier E., 2002. Water erosion in the southern French alps: climatic and human mechanisms. *Catena* 50, 53-85.

Descroix L., Olivry J.-C., 2002. Spatial and temporal factors of erosion by water of black marls in the badlands of the French southern Alps. *Hydrological Sciences-J.-des Sciences Hydrologiques* 47, 2, 227-242.

Descroix L., Mathys N., 2003. Processes, spatio-temporal factors and measurements of current erosion in French Southern Alps : a review. *Earth Surface Processes and Landforms* 28, 993-1011.

Diallo M., 2005. *Etude de la baisse du niveau de la nappe dans les Niayes du Gandiolais*. Master's thesis. Université Gaston Berger, U.F.R. Lettres et Sciences Humaines, section Géographie, Saint-Louis, Senegal, 120 p.

Diaz H., Bradley R., 1997. Temperature variations during the last century at high elevation sites. *Clim. Change* 36, 253–279.

Didelot A., 2004. *Evolution spatio-temporelle des températures maximales moyennes dans les Alpes du Nord depuis 1960*. Institut de Géographie Alpine, Univ. Joseph Fourier, Grenoble, mémoire de maîtrise, 101 p.

Dobremez J.-F., 2001. La montagne du biologiste. *Rev. de Géogr. Alpine* n°2, 93-100.

Douguédroit A., 1980. Les topoclimats de la Haute-Vésubie (Alpes-Maritimes, France). *Méditerranée* n°4, 3–11.

Douguédroit A., Saintignon (de) M.-F., 1981. Décroissance des températures mensuelles et annuelles avec l'altitude dans les Alpes françaises du Sud et en Provence (séries 1959-1978). *In Eaux et Climats*. Mélanges offerts à Ch. P. Péguy, Grenoble *E.R.30*, 179-194.

Douguédroit A., Saintignon (de) M.-F., 1984. Les gradients de températures et de précipitations en montagne. *Rev. de Géogr. Alpine* LXXII, 225-240.

Drogue G., Humbert J., Deraisme J., Mahr N., Freslon N. 2002. A statistical-topographic model using an omnidirectional parameterization of the relief for mapping orographic rainfall. *International Journal of Climatology* 22 (5), 599-613.

Droux J.-P., Mietton M., Olivry J.-C., 2003. Flux de matières particulaires en suspension en zone de savane soudanienne : l'exemple de trois bassins versants maliens représentatifs. *Géomorphologie : relief, processus, environnemen*http://www.persee.fr/web/revues/home/prescript/revue/morfo*t* 9, 2, 99-110.

Dubreuil V., Debortoli N., Funatsu B.M., Nédélec V., Durieux L., 2011. Impact of land-cover change in the southern amazonia climate: a case study for the region of Alta Floresta, Mato Grosso, Brazil. *Environmental Monitoring and Assessment*,1-15.

Duizendstra H.D. (don), 2001. Determination of sediment transport in an armoured grave-bed river, Earth Surf. *Processes Landforms* 26, 1381–1393.

Dumas D., Antunes C., 2003. Evolution des températures minimales dans les Alpes du Nord depuis 1960. *Association Internationale de Climatologie*, vol. 15, 413-420.

Dumas D., Guetny T., 2004. Possibilités de retour des conditions climatiques propices aux grandes crues de l'Isère à Grenoble. Actes du colloque, XVII Colloque International de Climatologie, *Association Internationale de Climatologie*, 289-292.

Dumas D., 2004a. Optimisation de la quantification des flux de matière en suspension d'un cours d'eau alpin : l'Isère à Grenoble (France). *Comptes Rendus Geosciences* volume 336, Issue 13, 1149-1159.

Dumas D., 2004b. Les deux crues mémorables de l'Isère à Grenoble (1651 et 1859) : analyse des estimations de M. Pardé. *Revue de Géographie Alpine, Journal of Alpine Research*, n°3; 27-38. The two memorable floods on the Isère in Grenoble (1651 and 1859): an analysis of estimates by M. Pardé. *Revue de Géographie Alpine, Journal of Alpine Research* n°3, 39-49.

Dumas D., 2004c. *Rôle des changements climatiques et influence de l'extension de la forêt sur les ressources en eau dans le massif de la Chartreuse, depuis le milieu du XIXème siècle.* Rapport Parc Naturel Régional de Chartreuse, Université Joseph Fourier, Grenoble, Institut de Géographie Alpine, 45 p.

Dumas D., 2007. The results of 10 years of daily observations of the flux of suspended matter in one of the main water courses in the European Alps: the Isère at Grenoble (France). *Comptes Rendus Geosciences* volume 339, issue 13, 810-819.

Dumas D., 2008a. Bilan d'érosion d'un cours d'eau alpin : l'Isère à Grenoble (France). *Zeitschrift für Geomorphologie* vol. 52, number 1, 85-103.

Dumas D., 2008b. Estimation de l'influence de la couverture forestière sur les pluies en montagne: exemple du massif de la Chartreuse. *Revue forestière française* n°6, 711-726.

Dumas D., Rome S., 2009. Les températures dans les Alpes du Nord : influence de l'altitude et évolution depuis 1960. *Geographia Technica*, numéro spécial, XXIIème colloque de l'Association Internationale de Climatologie, 395-400.

Dumas D., Mietton M., Hamerlynck O., Pesneaud F., Kane A., Coly A., Duvail S., Baba M. L. O., 2010. Large dams and uncertainties. The case of the Senegal River (West Africa). *Society and Natural Resources* volume 23, issue 11, 1108-1122.

Dumas D., 2013. Changes in temperature and temperature gradients in the northern French Alps since 1885. Theoretical and Applied Climatology, DOI 10.1007/s00704-012-0659-1, volume 111, issue 1-2, 223-233.

Durand Y, Laternser M, Giraud G, Etchevers P, Lesaffre B, Merindol L., 2009. Reanalysis of 44 years of climate in the French Alps (1958–2002): methodology, model validation, climatology and trends for air temperature and precipitation. *Journal of Applied Meteorology and Climatology* 48, 429-449.

Duvail S., 2001. *Scénarios hydrologiques et modèles de développement en aval d'un grand barrage. Les usages de l'eau et le partage des ressources dans le delta mauritanien du fleuve Sénégal.* PhD dissertation. Université Louis Pasteur Strasbourg I, U.F.R. de Géographie, Strasbourg, France, 305 p.

Duvail S., Mietton M., Gourbesville P., 2001. Gestion de l'eau et interactions société-nature. Le cas du delta du Sénégal en rive mauritanienne. *Nature Sciences Sociétés* 9(2), 5-16.

Duvail S., Hamerlynck O., 2003. Mitigation of negative ecological and socio-economic impacts of the Diama dam on the Senegal River Delta wetland (Mauritania), using a model based decision support system. *Hydrology and Earth System Sciences* 7 (1), 133-146.

Easterling D.R., Horton B., Jones Ph.D., Peterson T.C., Karl T.R., Parker D.E., Salinger M.J., Razuvayev V., Plummer N., Jamason P., Folland C.K., 1997. Maximum and Minimum Temperature Trends for the Globe. *Science* volume 277(5324), 364-367.

Edijatno E., Michel, C., 1989. Un modèle pluie-débit journalier à trois paramètres. *La Houille Blanche* (2), 113-121.

Edijatno E., 1991. *Mise au point d'un modèle élémentaire pluie-débit au pas de temps journalier.* Thèse de Doctorat, Université Louis Pasteur, ENGEES, Strasbourg, 242 p.

Edijatno E., Nascimento N.O., Yang X., Makhlouf Z., Michel, C., 1999. GR3J: a daily watershed model with three free parameters. *Hydrological Sciences Journal* 44(2), 263-277.

Eisma D., 1993. *Suspended matter in the aquatic environment.* Springer-Verlag, Berlin, 315 p.

Engelhard P., 1991. La vallée "revisitée" ou les "Enjeux de l'après-barrage" cinq ans plus tard. *In La vallée du fleuve Sénégal. Evaluations et perspectives d'une décennie d'aménagements*. B. Crousse, P. Mathieu and S. M. Seck, édition Karthala, Paris, 45-79.

Erpicum M., 1984. *Variations temporelles des disparités locales de la température en Haute-Belgique*. Thèse de doctorat, Univ. de Liège.

Etchevers P., Golaz C., Habets F., Noilhan J., 2002. Impact of a climate change on the Rhone river catchment hydrology. *Journal of Geophysical Research-Atmospheres*, 107, Artn 4293.

Euroconsult, Sir Alexander Gibb and Partners, 1990. *Plan Directeur intégré pour la rive gauche de la vallée du fleuve Sénégal*. Ministère du Plan et de la Coopération de la République du Sénégal, Dakar, Sénégal/PNUD/BIRD, 286 p.

Eyrolle F., Antonelli C., Duffa C. and Rolland B., 2005. The extreme flooding of the Rhône valley in December 2003 (South east France): Consequences on the translocation of sediments and the associated contaminants over the flooded area. *Materials and Geoenvironment* vol. 52, 1, 25-29.

Fallot J.-M., 1992. *Etude de la ventilation d'une grande vallée préalpine : la vallée de la Sarine en Gruyère*. Univ. de Fribourg, Suisse, 64 p.

Fardjah M., Lemee G., 1980. Dynamique comparée de l'eau sous hêtraie et dans des coupes nues ou à Calamagrostis epigeios en forêt de Fontainebleau. *Bull. Ecol.* 11 (1), 11-31.

Felix M., 2002. Flow structure of turbidity currents. *Sedimentology* 49 (3), 397–413.

Ferry L., Mietton M., Robison L., Erismann J., 2009. Le lac Alaotra à Madagascar – passé, présent et futur. *Z. f. Geomorph.* 53, 3, 299-318.

Francou B., Vincent C., 2007. *Les glaciers à l'épreuve du climat*. Editions IRD, Belin, 274 p.

Gannett, Fleming, Corddry, and Carpenter Inc., 1978. *Evaluation des effets sur l'environnement d'aménagements prévus dans le bassin du Fleuve Sénégal*. 20 vol., OMVS, Dakar, Sénégal.

Gannett Fleming Corddry and Carpenter Inc., 1980. *Assessment of environmental effects of proposed developments in the Senegal River Basin.* OMVS, Dakar, Sénégal.

Gash J.H.C., Lloyd C.R., Lachaud G., 1995. Estimating spares forest rainfall interception with an analytical model. *J. of Hydrol.* 170, 79-86.

Gautheron A, Balmand E., Valery A., 2009. Modélisation hydrologique de la crue de l'Isère de 1859. *Colloque Crue Isère 1859-2009*, Grenoble 5 novembre 2009, 25 p.

Gerstengarbe F.W., Werner P.C., 1999. Estimation of the beginning and end of recurrent events within a climate regime. *Climate Research*, vol. 11, 97-107.

Gippel C.J., 1995. Potentiel of turbidity monitoring for measuring the transport of suspended solids instreams. *Hydrological Processes* volume 9, 1, 83-97.

Girard R., 2002. *La matière en suspension de l'Isère à Grenoble.* Mémoire de maîtrise, Institut de géographie alpine, Grenoble, 28 p.

Girard R., 2003. *L'interception des précipitations par une couverture forestière : exemple de la Chartreuse. Institut de Géographie Alpine*, Univ. Joseph Fourier, Grenoble, Mémoire de DEA, 32 p.

Gould S.J., 1994. *Un hérisson dans la tempête.* Grasset, traduc 1987, Paris, 286 p.

Gould S.J., 1997. *L'éventail du vivant. Le mythe du progrès.* Edition Seuil, Paris, 304 p.

Gunderson L., 1999. Resilience, flexibility and adaptive management-antidotes for spurious certitude. *Conservation Ecology* 3(1), 7-22.

Gunderson L.H., Holling C.S. (eds.), 2002. *Panarchy: Understanding transformation in human and natural systems.* Washington, D.C., Island Press, 383 p.

Guyot J.-L., Jouanneau J.-M., Quintanilla J., Wasson J.-G., 1993. Les flux de matières dissoutes et particulaires exportés des Andes par le Rio Béni (Amazonie bolivienne), en période de crue, *Geodin. Acta* 6 (4), 233–241.

Hamerlynck O., Duvail S., Messaoud B., Benmergui M., 2005. *The restoration of the Lower Delta of the Senegal River, Mauritania (1993-2004)*. Presented at: Symposium on Coastal Ecosytems of West Africa, Brussels, Belgium. 15-16 February, 11 p.

Harding R.J., 1978. The variation of the altitudinal gradient of temperature within the British Isles. *Geografiska Annaler*, 60 A, 1-2, 43-49.

Haubert M., 1975. *Bilan hydrochimique d'un bassin versant de moyenne montagne. La Dranse de Bellevaux (Haute-Savoie)*. Thèse de Doctorat de 3ème cycle. Univ. P. et M. Curie, 331 p.

Hingray B., Picouet C., Musy A., 2009. *Hydrologie*. Tomes 1 et 2. Presses Polytechniques et Universitaires Romandes. Suisse.

Hirsch R. M., Slack J. R., 1984. Non-parametric trend test for seasonal data with serial dependenc. *Water Resour. Res.* 20(6), 727-732.

Hjulstrom F., 1935. Studies of the morphological activity of rivers as illustrated by the River Fyros, *Bull. Geol. Inst. Uppsala* 25, 221–527.

Hock R., 2003. Temperature index melt modelling in moutain areas. *Journal of Hydrology*, 282 (1-4), 104-115.

Holling C.S., 1973. Resilience and stability of ecological systems. *Annual Review of Ecological Systems* 4, 1-23.

Holling C.S., 1978. *Adaptive environmental assessment and management.* New York: John Wiley, 377 p.

Horton P., Schaefli B., Mezghani A., Hingray B., Musy, A., 2006. Assessment of climate-change impacts on alpine discharge regimes with climate model uncertainty. *Hydrological Processes*, 20(10), 2091-2109.

Hubert P., Carbonnel J.P., Chaouche A., 1989. Segmentation des séries hydrométéorologiques. Application à des séries de précipitations et de débits de l'Afrique de l'Ouest. *J. of Hydrology* vol. 110, 349-367.

Humbert J., Paul P., 1982, La répartition spatiale des précipitations dans le bassin versant de la petite Fecht à Soultzeren (Hautes-Vosges) premiers résultats. *Recherches Géographiques à Strasbourg*, n° 19-21, 93-104.

Humbert J., Najjar G., 1992. *Influence de la forêt sur le cycle de l'eau en domaine tempéré. Une analyse de la littérature francophone*. Univ. Louis-Pasteur, Strasbourg, 88 p.

Humbert J., 1993. *Etude méthodologique de quantification spatiale des précipitations appliquée à la France du NE. Secteur test : Versant oriental des Hautes-Vosges*. Agence de l'Eau Rhin-Meuse. CEREG-URA 95. CNRS. Univ. Louis Pasteur, Strasbourg, 47 p.

Humbert J., 1995. Cartographie automatique des précipitations mensuelles et annuelles en zone montagneuse. *Annales de Géographie*, n° 581-582, 168-173.

Humbert J., Mietton M., Kane A., 1995. L'après-barrages dans le delta du Sénégal. Scénarios de remise en eau de la cuvette du N'Diael et impacts. *Sécheresse* 6(2), 207-214.

Inman D.L., 1949. Sorting of sediment in light of fluvial mechanocs. *Journal of Sedimentary Petrology*, 19, 51-70.

Institut de Recherche pour le Développement (Research and Development Institute). 2008. *Hydroclimatic database, Hydraccess*, OMVS-SOE, Dakar, Sénégal.

Inventaire Forestier National (IFN), 2006. *Département de l'Isère ; résultats du troisième inventaire forestier*. Min. de l'Agriculture et de la Pêche, 229 p.

Janssen M.A., Anderies J.M., Ostrom E., 2007. Robustness of social-ecological systems to spatial and temporal variability. *Society and Natural Resources* 20, 307-322.

Jones P.D., New M., Parker D.E., Martin S., Rigor, I.G., 1999. Surface air temperature and its variations over the last 150 years. *Reviews of Geophysics* 37, 173-199.

Jones P.D., Moberg A., 2003. Hemispheric and large-scale surface air temperature variations: An extensive revision and an update to 2001. *Journal of Climate 16*, 206–223.

Kane A., 1997. *L'après-barrages dans la vallée du fleuve Sénégal: modifications hydrologiques, morphologiques, géochimiques, sédimentologiques. Conséquences sur le milieu et les aménagements hydro-agricoles.* PhD dissertation. Dakar, Senegal, Université Cheik Anta Diop, 551 p.

Kane A., Niang Diop I., Niang A., Dia A.M., 2003. *Coastal impacts of water abstraction and impoundment in Africa. Cas du bassin du fleuve Sénégal.* Report. LOICZ/START AfriCat Foundation Project, Université Cheik Anta Diop, Dakar, Sénégal, 256 p.

Karl T.R., Knight R.W., Plummer N., 1995. Trends in high-frequency climate variability in the twentieth century. *Nature*, 377, 217-20.

Karl T.R., Neville N., Gregory J., 1997. The coming climate. *Scientific American*, 276 (5), 54-9.

Kendall M. G., 1975. *Rank Correlation Methods*, Griffin, London, 260 p.

Kundzewicz, Z.W., Robson A., 2000. *Detecting trends and other changes in hydrological data.* World Climate Programme - Water, WCDMP-45, WMO/TD–No. 1013, OMM, Genève, 157 p.

Kundzewicz, Z.W., Graczyk D., Maurer T., Przymusińska I., Radziejewski M., Svensson C. et Szwed M., 2005. Trend detection in river flow time-series: 1. annual maximum flow. *Hydrol. Sci. J.,* 50(5), 797-810.

Laborde J.P., Mouhous N., 1998. *Notice d'utilisation du logiciel Hydrolab.* Univ. de Nice, Sophia Antipolis, CNRS, 42 p.

Lacoste Y., 2001. Le problème des causalités en géographie. 9-19. *In Explications en géographie. Démarches, stratégies et modèles.* sous dir. P.J. Thumerelle, ed. SEDES, Dossier des Images Economiques du Monde, 160 p.

Ladiray D., Quenneville B., 2001. *Seasonal adjustment with the X-11 Method*, Springer-Verlag, Statistics n°158, 256 p.

Lamouline R., 2005. *Du thermomètre à la température*. Edition Ellipses, Paris, 122 p.

Laperrière V., Luchetta J., 2003. *La dynamique du risque d'inondation à Saint-Louis au Sénégal*. Master's thesis. Université Joseph-Fourier, Institut de Géographie Alpine, Grenoble, France, 167 p.

Larras J., 1972. *Hydraulique et granulats*. Eyrolles, Paris, 254 p.

Latulippe C., J.-L. Peiry, 1996. Essai de hiérarchisation des zones de production de matière en suspension dans le bassin-versant d'un grand cours d'eau : l'Isère en amont de Grenoble. *Rev. de Géographie Alpine*, 2, 29-44.

Le Berre M., 1987. *De l'induction à la mondialisation systémique en Géographie*. Thèse d'Etat, 2 vol., Univ. de France-Comté, Département de Géographie de Besançon, vol. 1 : 315 p., vol. 2 : 283 p.

Lenzi M.A., Marchi L., 2000. Suspended sediment load during floods in a small stream of the Dolomites (northeastern Italy). *Catena* 39, 267-282.

Lenzi M.A., Mao L., Comiti F., 2003. Interannual variation of suspended sediment load and sediment yield in an alpine catchment. *Hydrological Sciences-J.-des Sciences Hydrologiques* 48, 6, 899-916.

Lepiller M., 1980. *Contribution de l'hydrochimie du comportement hydrogéologique des massifs calcaires. Etude de quelques systèmes karstiques du massif du Semnoz et de la région d'Annecy (Savoie, Haute-Savoie, France)*. Thèse de Doctorat de 3ème cycle. Univ. Scientifique et Médicale de Grenoble, 478 p.

Leroy M., 2006. *Gestion stratégique des écosystèmes du fleuve Sénégal. Actions et inactions publiques internationales*. Paris, L'Harmattan, Etudes africaines, 623 p.

Lhénaff R., Coulmeau P., Lecompte M., Marre, A., 1993. Erosion and transport processes on badlands slopes in the Baronnies mountains (French Southern Alps). *Geografia Fisica e Dinâmica Quaternaria* 16, 65-73.

Lhotellier R., 2005. *Spatialisation des températures en zone de montagne alpine*. Thèse, Univ. Joseph Fourier, Grenoble. 352 p.

Llorens P., Gallart F., 2000. A simplified method for forest water storage capacity measurement. *J. of Hydrology*, 240, 131-144.

Lomborg B., 2001. *L'écologie sceptique. Le véritable état de la planète*. Ed. Le cherche midi, 742 p.

Ludwig W., Probst, J.-L., 1998. River sediment discharge to the oceans:present-day controls and global budgets, *Am. J. Sci* 298, 265-295.

Mahé G., Olivry J.C., 1995. Variations des précipitations et des écoulements en Afrique de l'Ouest et central de 1951 à 1989. *Sécheresse* 6(1), 109-117.

Mahr N., Humbert J., 1997. *Pluvia : dossier de développement. Note interne*. C.E.R.E.G, 16 p.

Mahr N., Humbert J., 2000. *Quantification spatiale des précipitations du bassin Rhin-Meuse, présentation du logiciel Pluvia*. CEREG, Strasbourg, 45 p.

Maisch M., 2000. The longterm signal of climate change in the Swiss Alps : Glacier retreat since the end of the Little Ice Age and future ice decay scenarios. *Geografia Fisisca e Dinamica Quaternaria*, vol. 23, 139-151.

Maire R., 1990. *La haute montagne calcaire. Karsts, cavités, remplissages, quaternaires, paléoclimats*. Thèse d'Etat, Karstologia, mémoires n°3, 731 p.

Mann H.B., 1945. Nonparametric tests against trend. *Econometrica* 13, 245–259.

Mano V., 2008. *Processus conditionnant les apports de sédiments fins dans les retenues : optimisation des méthodes de mesure et modélisation statistique*. Thèse de 3ème cycle, spécialité Océan, Atmosphère et Hydrologie, Univ. Joseph Fourier, Grenoble, LTHE, 341 p.

Marnezy A., 1999. *L'Arc et sa vallée. Anthropisation et géodynamique d'une rivière alpine dans son bassin versant*. Thèse d'Etat, Univ. Joseph Fourier, Grenoble I, 682 p.

Marteau R., Sultan Benjamin, Moron V., Baron C., Traoré S.B., Alhassane A., 2010. Démarrage de la saison des pluies et date de semis du mil dans le sud-ouest du Niger. *Risques et changements climatiques : actes du XXIIIe colloque de l'Association Internationale de Climatologie*, AIC, 379-384.

Martin C., 1987. Les mesures de l'érosion chimique dans les bassins-versants de roches cristallines : comparaison des résultats obtenus par différentes méthodes d'investigation dans le massif des Maures (Var, France). *Zeitschhrift für Geomorphologie*, 31, 1, 73-84.

Mattaeuer M., 1989. *Monts et merveilles. Beautés et richesses de la géologie*. Editions Hermann, Paris, 267 p.

Mattéi J.-F., 1996. *Pythagore et les Pythagoriciens*. Presses Univ. de France, Que sais-je ?, n° 2732, Paris, 128 p.

Meddi M., 1999. Étude du transport solide dans le bassin versant de l'oued Ebda (Algérie), *Z. Geomorphol.* 43 (2), 167–183.

Meddi H., Meddi M., Mahr N., Humbert J., 2007, Quantification des précipitations: application au nord ouest de l'Algérie – La méthode Pluvia, *Geographia Technica*, n°1, 44-62.

Messerli B., Ives J.D., 1999. *Les montagnes dans le monde*. Glénat, Paris, 479 p.

Mestre O., 2000. *Méthodes statistiques pour l'homogénéisation de longues séries climatiques*. Thèse de Mathématiques appliquées et Statistiques. Univ. Paul Sabatier Toulouse, 230 p.

Meybeck M. 2001. Transport et qualité des sédiments fluviaux : de la variabilité spatio-temporelle à la gestion. *La Houille Blanche*, 6-7, 34-43.

Meybeck M., Laroch L., Dürr H.H., Syvitski J.P.M., 2003.Global variability of daily total suspended solids and their fluxes in rivers. *Global and Planetary Change*, 39, 65-93.

Meybeck M., Lestel L., Bonte P., Moilleron R., Colin J.L., Rousselot O., Herve D., De Ponteves C., Grosbois C. et Thevenot D.R., 2007. Historical perspective of heavy metals contamination (Cd, Cr, Cu, Hg, Pb, Zn) in the

Seine River basin (France) following a DPSIR approach (1950-2005). *Science of the Total Environment* 375(1-3), 204-231.

Mietton M., Humbert J., Richou S., 1991. *Le projet de remise en eau du N'Diael (Sénégal). Pré-faisabilité hydraulique, bilan hydrologique et impacts.* Consultants' report for the C.I.C. Université Louis Pasteur Strasbourg. CEREG URA 95, Strasbourg, France, 73 p.

Mietton M., 1998. Les processus élémentaires d'érosion hydrique à l'échelle du versant, in : *L'érosion entre nature et société*, Éditions Sedes, Paris, 57–68.

Mietton M., Dumas D., Hamerlynck O., Kane A., Coly A., Duvail S., Pesneaud F., Baba M. L. O., 2007. Water management in the Senegal River Delta: a continuing uncertainty. *Hydrology and Earth System Sciences D.*, volume 4, number 6, 4297-4323.

Mietton M., Dumas D., Hamerlynck O., Kane A., Coly A., Duvail S., Baba M. L. O., Daddah M., 2008. Le bas-delta du fleuve Sénégal. Une gestion de l'eau dans l'incertitude chronique. *In Incertitude et environnement. La fin des certitudes scientifiques*, sous dir. P. Allard *et al.*, ed. Edisud, 479 p., 321-336.

Milliman J.D., 1997. Blessed dams or damned dams ? *Nature*, 386, 325-327.

Miossec A., 2001. La nature et les faits de causalité. *In Explications en géographie. Démarches, stratégies et modèles.* sous dir. P.J. Thumerelle, ed. SEDES, Dossier des Images Economiques du Monde, 160 p., 85-98.

Moisselin J.M., Schneider M., Canellas C., Mestre O., 2002. Les changements climatiques en France au XXe siècle. *La Météorologie*, 8ème série, n°38, 45-56.

Morin E., 1990. *Introduction à la pensée complexe.* Ed. Points, coll. Essais, Paris, 158 p.

Morton F.I., 1984. What are the limits of forest evaporation ? *J. of Hydrol.*, 74,. 373-398.

Müntz A., Lainé E., 1913. Les matériaux charriés par les cours d'eau des Alpes et des Pyrénées, *C. R. Acad. Sci.* 156, 848–851.

Müntz A., Lainé E., 1915. Études sur la formation des limons et leurs charriages par les cours d'eau des Alpes et des Pyrénées, *C. R. Acad. Sci.* 160. 462–467.

Nascimento N.O., 1995. *Appréciation à l'aide d'un modèle empirique des effets d'action anthropiques sur la relation pluie-débit à l'échelle du bassin versant*. Thèse de Doctorat, CERGRENE, ENPC, Paris, 550 p.

Nicoud G., 1973. *Hydrogéologie de la haute vallée du Chéran. Massif des Bauges (Savoie)*. Thèse de Doctorat de 3ème cycle. Univ. de Grenoble, 181 p.

Nizinski J., Saugier B., 1988. Mesures et modélisation de l'interception nette dans une futaie de chênes. *Acta Oecologica, Oecol. Plant.*, 9 (3), 311-329.

Nouvelot J.-F., 1969. Mesure et étude des transports solides en suspension au Cameroun. *Cah. Orstom, sér. Hydrol.* VI (4), 43–56.

Nouvelot J.-F., 1972. Méthodologie pour la mesure en réseau des transports solides en suspension dans les cours d'eau intertropicaux peu chargés. *Cah. Orstom, sér. Hydrol.* IX (1), 3–18.

O'Riordan C., Maldiney M.-A., Mouchel J.-M., Poulin M., 1996. Un nouveau dispositif d'analyse du transport des matières en suspension dans les rivières, *C. R. Acad. Sci. Paris, Ser.* IIa 322, 285–291.

Ohmura A., 2001. Physical basis for the temperature-based melt index method. *Journal of Applied Meteorology*, 40, 4, 753-761.

Pache G., 2000. *Guide simplifié de typologie de stations forestières. Massif de la Chartreuse et chaînons calcaires du pays « entre Jura-Savoie »*. Laboratoire des Ecosystèmes Alpins, U.J.F, Grenoble, 68 p.

Pahl-Wostl C., Sendzimir J., Jeffrey P., Aerts J., Berkamp G., Cross K., 2007. Managing change toward adaptive water management through social learning. *Ecology and Society* 12(2), 30-38.

Pardé M., 1925. *Le régime du Rhône. Étude hydrologique. In* Études et Travaux, Université de Lyon, Institut des études rhodaniennes, réédition 2004, Lyon, coll. Géocarrefour, 3 vol., 850 p.

Pardé M., 1942. *Quelques nouveautés sur le régime du Rhône*, in : Mém. & Doc. université de Lyon, vol. 1, Institut des études rhodaniennes, réédition 2004, Lyon, coll. Géocarrefour, 139 p.

Pardé M., 1964. *Fleuves et rivières*. Coll. Armand Colin, n°155, section de Géographie, 4ème édition, 224 p.

Passega R., 1957. Texture as characteristic of clastic deposition. *Bulletin of the American Association of Petroleum Geologist*, 41 (9), 1952-1984.

Paul P., 1977. La décroissance de la température avec l'altitude dans les Vosges et la Forêt Noire. Aspects locaux et régionaux. *Rev. de Géogr. de Strasbourg, n°4*, 55-67.

Paul P., 1997. Topoclimat dans le domaine tempéré semi-océanique. *in Le Climat, l'Eau et les Hommes sous dir. V. Dubreuil et J.-P. Marchand. Ed. Presses Univ. Rennes*, 197-226.

Péguy C.-P., 2001. *Espace, temps, complexité : vers une métagéographie*. Géographiques Reclus, Belin, Paris, 283 p.

Peiry J.-L., Salavador P.-G., Nougier F., 1994. L'incision des rivières dans les Alpes du nord : état de la question. *Rev. de Géographie de Lyon*, vol. 69, 47-56.

Peiry J.-L., 1997. *Recherches en géomorphologie fluviale dans les hydrosystèmes fluviaux des Alpes du Nord*. IGA, Habilitation, université Joseph-Fourier, Grenoble-1, 308 p.

Perdijon J., 2004. *La mesure. Histoire, science et philosophie*. Edition Dunod, UniverScience, Paris, 135 p.

Perigord M., 1996. *Le paysage en France*. Presses Univ. de France, coll. Que sais-je ? Paris, 126 p.

Perrin C., 2000. *Vers une amélioration d'un modèle global pluie-débit au travers d'une approche comparative*. Thèse de Doctorat, INPG (Grenoble), Cemagref (Antony), 530 p.

Perrin, C., 2002. Vers une amélioration d'un modèle global pluie-débit au travers d'une approche comparative. *La Houille Blanche*, 6/7, 84-91.

Perrin C., Michel C., Andréassian, V., 2003. Improvement of a parsimonious model for streamflow simulation. *Journal of Hydrology*, 279(1-4), 275-289.

Pesneaud F., 1996. Artificialisation du milieu, introduction de techniques nouvelles et recomposition sociale: à propos de la riziculture du delta du Sénégal. Compte-rendu de mission janvier 1996. In *Transformations des hydrosystèmes en aval des grands barrages*. Programme CNRS - PIR EVS SEAH. M. Mietton (ed.), Université Louis Pasteur Strasbourg, CEREG URA 95, France, 22-41

Petit F., Kalombo K., 1984. L'interception des pluies par différents types de couverts forestiers. *Bull. Soc. Géogr. Liège*, 20, 99-127.

Petit F., 1988. Phénomènes influençant la mise en mouvement et le transport des particules en rivières naturelles, *Z. Geomorphol*. 32 (3), 299–310.

Philippe C., Kane A., Handschumacher P., Mietton M., 1998. Aménagements hydrauliques et gestion de l'environnement dans le delta du fleuve Sénégal. In *Pratiques de gestion de l'environnement dans les pays tropicaux:* Dymset, CRET, Espaces tropicaux n°15, Bordeaux, France, 389-401.

Pieffer M., Le Goff N., Nys C., Ottorini J.-M., Granier A., 2005. Bilan d'eau, de carbone et croissances comparées de deux hêtraies de plaine. *Revue forestière française*, LVII, 2, 201-215.

Pilot J.-J.A., 1859. *Grenoble inondé*. Grenoble, Maisonville et Fils et Jourdan, 2ème édition, 110 p.

Pont D., 1997. Les débits solides du Rhône à proximité de son embouchure : données récentes (1994–1995). *Rev. Géogr. Lyon* 72 (1), 23–33.

Pont D., Simonnet J.P., Walter A.V., 2002. Medium-term changes in suspended sediment delivery to the ocean consequences of catchment heterogeneity and river management (Rhône River, France). *Estuar Coast Shelf S.*, 54, 1-18.

Puech C., 1983. *Persistance de la sécheresse au Sahel. Conséquences sur les normes hydrologiques et pluviométriques.* Ouagadougou, Burkina Faso: C.I.E.H. série Hydrologie, 24 p.

Rambaud P., 1962. *Economie et sociologie de la montagne.* Editions Armand Colin, Paris, 292 p.

Rapp M., Ibrahim M., 1978. Egouttement, écoulement et interception des précipitations par un peuplement de Pinus pinea L. *Oecol. Plant*, 13, (4), 321-330.

Rayner N.A., Parker D.E., Horton E.B., Folland C.K., Alexander L.V, Rowell D.P., Kent E.C., Kaplan A., 2003. Globally complete analyses of sea surface temperature, sea ice and night marine air temperature, 1871-2000. *J. Geophysical Research* 108, 4407.

Rayner N.A., Brohan P., Parker D.E., Folland C.K., Kennedy J.J., Vanicek M., Ansell T., Tett S.F.B., 2006. Improved analyses of changes and uncertainties in marine temperature measured in situ since the mid-nineteenth century: the HadSST2 dataset. *J. Climate*, 19, 446-469.

Rebetez M., Lugon R., Baeriswyl P.-A., 1997. Climatic change and debris flows in high mountain regions: the case study of the Ritigraben torrent (Swiss Alps). *Climatic Change* 36 (3-4), 371-389.

Rebetez M., Reinhard M., 2007. Monthly air temperature trends in Switzerland 1901–2000 and 1975–2004. *Theor. Appl. Climatol.*, 91, 27–34.

Reid I., Frostick L.E., 1994. Fluvial sediment transport and deposition. In *Sediment Transport and Deposition Processes* (K. Pye, ed.), Blackwell Scientific Publications, Oxford, 89-156.

Remey-Berzencovitch E., 1959. Nouvelle méthode de calcul du débit solide des cours d'eau. *Osterreichische Wasser-Wirtschaft*, 59-66.

Richard L., Pautou G., 1982. *Carte de la végétation de la France au 200.000ème. Alpes du Nord et Jura méridional.* Notice détaillée des feuilles 48-Annecy, 54-Grenoble. Ed. CNRS, 316 p.

Riley S. J., 1998. The sediment concentration-turbidity relation: its value in monitoring at Ranger Uranium Mine, Northern Territory, Australia. *Catena* 32, 1, 1-14.

Rodier J., 1996. *L'analyse de l'eau : eaux naturelles, eaux résiduaires, eau de mer.* Paris Dunod, $8^{\text{ème}}$ éd., 1434 p.

Rousseau D., 2009. Les températures mensuelles en région parisienne de 1676 à 2008. *La Météorologie*, n° 67, 43-55.

Saintignon (de) M.-F., 1976. Décroissance des températures en montagne de latitude moyenne : exemple des Alpes françaises du Nord. *Rev. de Géo. Alpine*, LXIV, 4, 483-494.

Salvador P.-G., 1991. *Le thème de la métamorphose fluviale dans les plaines alluviales du Rhône et de l'Isère.* Thèse de Géographie, Univ. Lyon III, 498 p.

Salvador P.-G., Berger J.F., Gauthier E., Vannière B., 2004. Holocene fluctuations of the Rhone river in the alluvial plain of the Basses Terres (Isère, Ain, France). *Quaternaire* 15, 1-2, 177-186.

Saugier B., Halldin S., Pontailler J.Y., Nizinski G., 1985. Bilan hydrique des forêts de chêne et de hêtre à Fontainebleau. Mesures et modélisation. *Revue Palais Découverte*, Paris, 13, (130), 187-200.

Sauquet E., 2006. Mapping mean annual river discharges : geostatistical developments for incorporating river network dependencies. *J. Hydrol.*, 331, 300-314.

Scheffer M., Carpenter S.R., Foley J.A., Folke C., Walker B., 2001. Catastrophic shifts in ecosystems. *Nature* 413, 591-596.

Scherer J.C., 1977, Une méthode d'extrapolation dans l'espace de données pluviométriques moyennes. Application à une partie des Vosges et de leur bordure. *Recherches Géographiques à Strasbourg*, n° 4, 69-85.

Schlunegger F., Hinderer M., 2001. Crustal uplift in the Alps: why the drainage pattern matters. *Terra Nova* 13, 425-432.

Schlunegger F., Hinderer M., 2003. Pleistocene/Holocene climate change, re-establishment of fluvial drainage network and increase in relief in the Swiss Alps. *Terra Nova* 15, 88-95.

Schmidli J., Schmutz C., Frei C., Wanner H., Schär C., 2002. Mesoscale precipitation variability in the region of the European Alps during the 20th century. *Int. J. Climatol.*, 22, 1049–1074.

Schmidt K.-H., Morche D. M., 2006. Sediment output and effectove discharge in two small high mountain catchments in the Bavarian Alps, Germany. *Geomorphology*, 80, 131-145.

Schnock G., Dalebroux R., Galoux A., 1980. Bilan des eaux d'infiltration dans la chênaie à charme de Virelles. Taille des Viviers de 1964 à 1968. *Bull. Inst. Roy. Sci. Nay. Belg.*, 52, 13, 1-20.

Serrat P., 1999. Dynamique sédimentaire actuelle d'un système fluvial méditerranéen : l'Agly (France). *C. R. Acad. Sci.*, Ser. IIa 329, 3, 189-196.

Serrat P., Ludwig W., Navarro B., Blazi J.-L., 2001. Variabilité spatio-temporelle des flux de matière en suspension d'un fleuve côtier méditerranéen : la Têt (France), *C. R. Acad. Sci.* Paris, Ser. IIa 333, 389–397.

Sikirdji L., Fabre, D., Giraud, A., 1982. *L'envasement de la retenue du Chambon (Alpes françaises) après un demi-siècle d'exploitation.* IRIGM, Grenoble, 10 p.

Simon L., 1995. *The state of humanity*. Ed. Blackwell, Oxford, 695 p.

Sneyers R., 1975. *Sur l'analyse statistique des séries d'observations*. Note technique n°143 de l'Organisation Météorologique Mondiale, Genève, 192 p.

Staszak J.F., 1997. Dans quel monde vivons-nous ? Géographie, phénoménologie et ethnométhodologie. 13-38. In *Les discours du géographe*. ss. dir. J.F. Staszak, ed. L'Harmattan, 281 p.

Sultan B., Janicot S., Baron C., Dingkuhn M., Muller B., Traoré S., Sarr B., 2008. Les impacts agronomiques du climat en Afrique de l'Ouest : une illustration des problèmes majeurs. *Sécheresse*, 19 (1), 29-37.

Sultan B., 2011. *L'étude des variations et du changement climatique en Afrique de l'Ouest et ses retombées sociétales.* Habilitation à Diriger des Recherches, Univ. Pierre et Marie Curie, Paris, 137 p.

Theuerkorn W., Henning R.K., 2005. *Energies renouvelables: Typha australis, menace ou richesse?* Comité permanent Inter-Etats de Lutte contre la Sécheresse dans le Sahel, Bundesministerium für wirtschaftliche. Zusammenarbeit und Entwiclung. PREDAS, Ouagadougou, Burkina Faso, 28 p.

Tonnel A., Ozenda P., 1964. *Documents pour la carte de la végétation des Alpes.* Laboratoire de Biologie Végétale de Grenoble et du Lautaret, Univ. de Grenoble, Faculté des Sciences, 168 p.

Touchebeuf de Lussigny P., 1970. *Mesures de transports solides en suspension effectuées par l'Orstom en Afrique noire.* Edition Orstom, 308 p.

Traoré S.B., Alhassane A., Muller B., Kouressy M., Somé L., Sultan Benjamin, Oettli P., Siéné Laopé A.C., Sangaré S., Vaksmann M., Diop M., Dingkhun M., Baron C., 2011. Characterizing and modeling the diversity of cropping situations under climatic constraints in West Africa. *Atmospheric Science Letters*, 12 (1), 89-95.

Triplet P., Roche G., 2000. *Météorologie générale.* École nationale de la météorologie, France, 325 p.

UNEP/UCC-WATER/SGPRE, 2002. *Towards an integrated management of the coastal zone and the Senegal river basin.* Pilot program for the left bank of the Senegal river delta and its coastal zone, Dakar, Senegal, 99 p.

Valois C., 2010. *Spatialisation optimale des précipitations en milieu montagnard avec le modèle PLUVIA : exemple du bassin versant du Lauvitel.* Mémoire de Master, Institut de Géographie Alpine, Université Joseph Fourier, 57 p.

Vautier F., 2000. *Dynamique géomorphologique et végétalisation des cours d'eau endigués : l'exemple de l'Isère dans le Grésivaudan*. Thèse, Institut de géographie alpine, Grenoble, 408 p.

Venema H.D., Schiller E. J., Adamowski K., Thizy J.-M., 1997. A Water Resources Planning Response to Climate Change in the Senegal River Basin. *Journal of Environmental Management* 49(1), 125-155.

Veyrat S., 1998. *Étude de la répartition des concentrations de MES sur une section de l'Isère (station de Grenoble–Campus)*. Mémoire de DEA, Institut de géographie alpine, Grenoble, 89 p.

Vezzoli G., 2004. Erosion in the Western Alps (Dora Baltea Basin) : 2. Quantifying sediment yield. *Sedimentay Geology* 171, 247-259.

Vialar J., 1978. *Calcul des probabilités et statistiques*. Secrétariat d'Etat auprès du Ministre de l'équipement, Direction de la Météorologie, Tome IV Statistique : étude des séries chronologiques, Paris, 128 p.

Vivian H., 1969. Les crues de l'Isère à Grenoble et l'aménagement actuel des digues. *Revue de Géographie Alpine*, tome LVIII, 1, 53-84.

Vivian H., 1981. *Erosion et transports solides dans le bassin du Drac au Sautet*. Doc. du BRGM, séminaire national Propriano (Corse) : la gestion régionale des sédiments, 249-357.

Walker B., Gunderson L., Kinzig A., Folke C., Carpenter S., Schultz L., 2006. A handful of heuristics and some propositions for understanding resilience in social-ecological systems. *Ecology and Society* 11(1), 13-31.

Walker W., Harremoës P., Rotmans J., Vander Sluijs J., Van Asselt M., Jansen P., Krayer von Krauss M.P., 2003. Defining uncertainty: a conceptual basis for uncertainty management in model-based decision support. *Journal of Integrated Assessment* 4(1), 5-17.

Walling D.D., Webb D.W., Woodward J.C., 1992. Some sampling considerations in the design of effective stategies for monitoring sediment-associated transport. *IAHS*, 210, 279-288.

Walling D.D., Webb D.W., 1996. Erosion and sediment Yield: Global and Regional Perspectives. *IAHS*, 236, 3-19.

Walling D.E., Kane P., 1982. Temporal variation of suspended sediment properties, *IAHS-AISH, Int. Assoc. Hydrol. Sci.* 137, 409-417.

Walling D.E., 2000. Linking land use, erosion and sediment yields in river basins. *Hydrolobiologia* 410, 223-240.

Walling D.E., Russell M.A., Webb B.W., 2001. Controls on the nutrient content of suspended sediment transported by British Rivers. *Science of the Total Environment*, 266(1-3), 113-123.

Weber R., Talkner P., Auer I., Böhm R., Gajic-Capka M., Zaninovic K., Brádzil R., Faško P., 1997. 20th-century changes of temperature in the mountain regions of central Europe. *Clim. Change* 36, 327–344.

Yue S., Pilon P., Cavadias G., 2002. Power of Mann-Kendall and Spearman's ro tests for detecting monotonie trends in hydrological serie. *Journal of Hydrology*, 259, 254-271.

Zierl B., Bugmann, H., 2005. Global change impacts on hydrological processes in Alpine catchments. *Water Resources Research*, 41, 1-13.

Table des matières

INTRODUCTION 5

**CHAPITRE I – CADRE CONCEPTUEL ET
IMPLICATIONS SOCIETALES** 7
A – Problématisation des approches environnementales 13
    a – Place de la mesure dans la connaissance des milieux 14
    b – Démarche générale 18
    c – Deux milieux différents en guise d'illustration 20
B – Evolution des milieux naturels alpins : focus sur
les processus naturels 24
    *a - Précipitations hydrologiques au sein d'un massif alpin
    de moyenne montagne* 26
    b - Dynamique hydrologique d'un lac alpin 27
    c - Ecoulement et transport solide dans les Alpes 28
    *d - Températures caractéristiques pour l'ensemble des
    Alpes du Nord* 31

CHAPITRE II – METHODOLOGIES UTILISEES 33
A- Estimation des pluies en forêt du massif de Chartreuse 33
    a – Le site expérimental 34
    *b - Mesure de l'influence de la forêt sur
    les quantités d'eau arrivant au sol* 36
    c - Spatialisation des mesures ponctuelles 38
    *d - Connaissance des précipitations sur l'ensemble
    du massif depuis 1850* 41
B - Le lac Lauvitel : une sentinelle environnementale pour les Alpes 49
    a - Connaissance morphométrique du lac 49

  b - Connaissance des précipitations sur l'ensemble du bassin *51*
  c - Connaissance du stock nival et de la fusion nivale *53*
 C - L'Isère et la connaissance de son transport solide 57
  a - Le dispositif expérimental *58*
  b - D'une mesure ponctuelle à une connaissance de la
  concentration moyenne de l'Isère *66*
  c - Evaluation délicate des flux sédimentaires : importance
  de la méthode d'extrapolation *72*
 D - Caractériser les températures dans les Alpes du Nord 75
  a - Les données utilisées *76*
  b - Estimation de deux indicateurs régionaux *79*

**CHAPITRE III - LES TRANSFORMATIONS
ENVIRONNEMENTALES DANS LES ALPES AU COURS DU XXEME
SIECLE** 83
 A - L'interception des pluies par la couverture forestière
 en moyenne montagne 83
  a - Mesure et estimation de l'interception *84*
  b - Evaluation de l'interception sur une année moyenne *89*
  c - Evolution de la couverture forestière depuis le XIXème siècle *94*
  d - Impact de la forêt sur l'évolution des ressources en eau en moyenne
  montagne depuis le milieu du XIXème siècle *97*
  e – Conclusion *101*
 B - Evolution et dynamique actuelle du lac Lauvitel 105
 C - Connaissance des flux sédimentaires d'un grand cours d'eau alpin
 et évaluation de l'érosion 110
  a - Evaluation des flux de matières dissoutes *111*
  b - Evaluation des flux de sédimentaires *114*
  c - Modélisation et extension temporelle des observations *118*
  d - Bilan sédimentaire et estimation de l'érosion dans les Alpes *130*
  e - Conclusion et discussion *135*
 D - La température dans les Alpes du Nord et ses évolutions
 depuis la fin du XIXème siècle 140

    *a - Evolution intrasaisonnière des gradients et
des températures réduites* *141*
    b - Evolution des gradients dans les Alpes du Nord depuis 1960 .... *144*
    c - Evolution des températures dans les Alpes du Nord depuis 1885. *146*
    d - Discussion et conclusion *153*
  E - Conclusion générale des approches conduites sur les milieux alpins ... 158

**CHAPITRE IV – EVOLUTION ET RUPTURES DANS LE DELTA
DU SENEGAL SOUS L'INFLUENCE DE L'HOMME** 161
  A - Contexte historique 164
  B - Cadre conceptuel et méthodologique 167
    a - Adaptation et résilience *168*
    b - Bilan des actions humaines *170*
  C - Principaux résultats 181
    a - Le delta moyen *182*
    b - La zone estuarienne du fleuve Sénégal *185*
  D - Conclusion 191

CONCLUSION GENERALE 195

BIBLIOGRAPHIE 197

i want morebooks!

Buy your books fast and straightforward online - at one of world's fastest growing online book stores! Environmentally sound due to Print-on-Demand technologies.

Buy your books online at
www.get-morebooks.com

Achetez vos livres en ligne, vite et bien, sur l'une des librairies en ligne les plus performantes au monde! En protégeant nos ressources et notre environnement grâce à l'impression à la demande.

La librairie en ligne pour acheter plus vite
www.morebooks.fr

VDM Verlagsservicegesellschaft mbH
Heinrich-Böcking-Str. 6-8　　Telefon: +49 681 3720 174　　info@vdm-vsg.de
D - 66121 Saarbrücken　　　Telefax: +49 681 3720 1749　　www.vdm-vsg.de

Printed by Books on Demand GmbH, Norderstedt / Germany